U0170224

随机偏心距影响下钢筋混凝土柱可靠度方法与应用

蒋友宝　周　浩　著

中国建材工业出版社

图书在版编目（CIP）数据

随机偏心距影响下钢筋混凝土柱可靠度方法与应用/
蒋友宝，周浩著 . --北京：中国建材工业出版社，
2022.9

　ISBN 978-7-5160-3388-3

　Ⅰ.①随… Ⅱ.①蒋… ②周… Ⅲ.①钢筋混凝土柱
—结构可靠性—研究 Ⅳ.①TU375.3

中国版本图书馆 CIP 数据核字（2021）第 255976 号

内容简介

　　本书详细介绍了随机偏心距下钢筋混凝土柱可靠度的研究成果，阐明随机偏心距下钢筋混凝土柱可靠度分析与设计方法。全书共分 6 章，第 1 章主要介绍国内外钢筋混凝土柱可靠度的研究、设计方法与规范概况；第 2 章和第 3 章主要介绍随机偏心距下钢筋混凝土柱抗力概率计算方法及可靠度变化规律；第 4 章主要介绍按不同国家和地区规范设计的钢筋混凝土柱可靠度校准与改进；第 5 章主要介绍钢筋混凝土框架"强柱弱梁"可靠度设计改进与分析验证；第 6 章主要介绍双向随机偏心距下钢筋混凝土柱可靠度分析。

　　本书主要为从事混凝土结构相关领域的科学研究、工程设计和工程管理人员提供参考和借鉴，亦可作为土木工程专业研究生和本科生的学习用书。同时，可为钢筋混凝土偏压构件设计方法的进一步完善和推广应用提供支撑，为该领域国内外相关规范、规程的修订提供重要参考资料。

随机偏心距影响下钢筋混凝土柱可靠度方法与应用

Suiji Pianxinju Yingxiangxia Gangjin Hunningtuzhu Kekaodu Fangfa yu Yingyong

蒋友宝　周　浩　著

出版发行：中国建材工业出版社
地　　址：北京市海淀区三里河路 11 号
邮　　编：100831
经　　销：全国各地新华书店
印　　刷：北京印刷集团有限责任公司
开　　本：710mm×1000mm　1/16
印　　张：9
字　　数：170 千字
版　　次：2022 年 9 月第 1 版
印　　次：2022 年 9 月第 1 次
定　　价：**58.00 元**

前　言

钢筋混凝土柱作为工程结构最基本的竖向承重构件，一旦发生破坏将造成重大损失和人员伤亡。例如：2008年汶川地震中，部分钢筋混凝土框架建筑因柱严重破坏而倒塌，造成柱破坏的原因除荷载作用超出设计预期以外，还与现有方法设计的柱可靠性较低有关。本书主要论述随机偏心距影响下钢筋混凝土柱可靠度问题。

我带领的团队自2008年以后，开始关注钢筋混凝土柱的可靠性，研究发现：(1)随机偏心距下钢筋混凝土柱的抗力变异性会显著增大，使得其可靠度随荷载效应比等设计参数大幅度波动变化；(2)按大偏压破坏设计的钢筋混凝土柱可靠度偏低，亟须提高相应安全系数；(3)考虑双向偏心距的随机特性后，钢筋混凝土柱可靠度会进一步降低。

本书是我与我指导的博士研究生及硕士研究生，对十三年来的研究成果的总结。全书共6章，第1章主要介绍国内外钢筋混凝土柱可靠度的研究、设计方法与规范概况；第2章主要介绍随机偏心距下钢筋混凝土柱抗力概率计算方法；第3章主要介绍随机偏心距下钢筋混凝土柱可靠度变化规律；第4章主要介绍随机偏心距下按不同国家和地区规范设计的钢筋混凝土柱可靠度校准与改进；第5章主要介绍考虑偏心距随机特性的钢筋混凝土框架"强柱弱梁"可靠度设计改进与分析验证；第6章主要介绍双向随机偏心距下钢筋混凝土柱可靠度分析。

全书大纲由我拟定，第1章、第2章、第3章、第4章和第6章由我执笔，第5章由周浩执笔；各章的修改和全书的统稿由我完成。

本书介绍的研究工作得到国家重点研发计划项目（2021YFB2600900）、湖南省自然科学杰出青年基金项目（2022JJ10050）、湖南省自然科学基金项目（2021JJ30716）、国家自然科学基金项目（51678072）等的支持，同时得到德国莱布尼茨大学Michael Beer教授的合作和支持，还得到长沙理工大学、我的同事和其他学生给予的帮助，在此我代表全体参与了研究及撰稿的同仁表示衷心感谢。希望本书的出版能加深结构工程师对钢筋混凝土柱可靠性的了解，并为该领域的理论研究者和应用工作者提供参考。

限于我们水平和知识范围，书中不当之处敬请读者批评指正。

蒋友宝
2022.5

目　　录

1 概　　述

1.1　背景

我国混凝土结构规模宏大，其支承构件多为钢筋混凝土柱。随着社会经济快速发展，钢筋混凝土（Reinforced Concrete，下文简称为 RC）柱支承的工程结构安全性日益受到重视。我国是多震国家，地震发生的地域范围广、强度大。如唐山大地震，震级 7.8 级，共造成约 24 万人死亡，强震区内的基础设施均遭到严重的破坏。2008 年的汶川 8.0 级大地震，其破坏性更大、波及的范围更广，造成 7 万余人遇难，直接经济损失达 8000 多亿元。这些震害给国家和人民的生命财产造成了巨大损失。国外地震造成的灾害同样十分严重，如 1923 年日本关东地震，仅东京、横滨两市，死亡人数即达到 10 万余人。其他包括 1960 年智利地震、1994 年美国北岭地震，也都造成了惨痛的后果。究其原因，主要是强烈地震所具有的强随机性和严重破坏性，使得支承混凝土柱及建筑物尚不具备足够的抗震能力而倒塌。

在汶川地震中，多层框架结构的震害尤为引人关注，其中主要包括框架结构整体倒塌、结构薄弱层局部倒塌、结构整体倾斜、构件严重失效、梁柱节点失效以及非结构构件破坏[1-2]。其中框架柱的破坏程度明显重于梁，普遍是柱端出铰（特别是底层），而梁端出铰则相对较少，未能实现原规范所预期的"强柱弱梁"屈服机制。叶列平等[3]对此现象进行了分析，指出由于填充墙、楼板等影响以及梁端实配钢筋的超配和钢筋实际强度超强等原因，增大了框架梁的刚度和抗弯承载力，使其大于节点处柱端的实际抗弯承载力，呈现柱铰机制的震害，如图 1.1 所示。更为严重的是形成结构层刚度不均匀，导致出现层屈服机制甚至引发结构倒塌，造成大量的人员伤亡和财产损失，如图 1.2 所示。

此外，每年发生在世界各地的风灾（如飓风）同样造成了巨大损失。例如，Ellingwood[4]调查了飓风对美国住宅建筑造成的严重破坏和社会混乱。在中国，一些用于支撑渡槽的 RC 柱在强风作用下也时有倒塌[5]。

因此，在进行结构抗震或抗风设计时，如何提高柱的可靠性，即通过合理措施来改进现行的设计方法，以使强震/强风作用下结构破坏时达到预定的安全性要求，成为结构工程研究领域的一个重要方面。改进现行的结构抗震或抗风设计环节，引导结构实现较高的承载能力和良好的延性，使其呈现整体破坏模式，则能进一步减少灾害中因结构倒塌造成的人员伤亡和财产损失，也为灾后重建带来便利。

图 1.1　柱铰机制震害

图 1.2　柱铰机制导致结构整层失效和整体倒塌

1.2　各类钢筋混凝土偏压构件可靠度

1.2.1　钢筋混凝土柱可靠度

如前所述，在汶川地震中，RC 框架的破坏大多数都是"强梁弱柱"的屈服机制。很多学者分析了此现象，认为原因是多方面的。这种现象的出现固然与地震灾害的破坏力较大有关，也与 RC 框架抗震设计方法不够完善有关，使得某些情况下 RC 框架柱端实际抗弯承载力低于梁端实际抗弯承载力较多，对应的 RC 框架柱抗震承载力设计可靠度也较低。

GB 50068—2001《建筑结构可靠度设计统一标准》[6]或 GB 50010—2002《混凝土结构设计规范》[7]在校核柱可靠度时，依据固定偏心距思路建立极限状态方程，即假定弯矩和轴力是完全相关的情形。这适用于截面弯矩和轴力是由多种同分布形式荷载所引发的情形，此时可将多种荷载视为单一的总荷载，弯矩和轴力均与总荷载完全相关，因而它们自身之间也是完全相关的。例如，在楼面恒荷载和活荷载作用下，截面上的弯矩和轴力即属于这种情形，此时两种荷载均为竖向荷载，分布形式一般也相同。偏心距的随机特性在这种情况下不明显，此时柱的可靠度也较高[8-10]。这种以固定偏心距为依据建立极限状态方程进行柱可靠度分析的思路常被采用[11-13]。Mifik 等[14]基于偏心距为一定值，分析按照给定破坏模式设计的偏心受压柱在荷载和材料不确定的情况下，发生大偏压破坏及小偏压破坏的概率。

在实际工程中，较为常用的是不同分布形式的荷载组合[15-16]，如竖向荷载和水平荷载的组合，显然弯矩和轴力不再完全相关。马宏旺等[17]在分析水平地震作用和竖向重力荷载联合作用下偏压构件的抗震可靠度时，基于弯矩变化快于轴力的事实，假定了构件截面上的弯矩和轴力完全独立，在此基础上分析了柱的抗震可靠度水平。结果表明：在偏心距较大的情况下，弯矩与轴力相互独立时计算得到柱的可靠指标要明显小于弯矩与轴力完全相关时柱的可靠指标。

实际上，无论是弯矩和轴力完全相关的假定，还是完全独立的假定，都只是真实情形的近似。弯矩和轴力多介于完全相关和完全独立之间，因而偏压构件可靠度的变化受到关注。对于同时承受水平荷载和竖向荷载的柱，偏心距在这种组合下明显是随机的，因为竖向荷载和水平荷载遵循不同的分布，并且都具有随机特性。考虑 RC 柱偏心距的随机特性后，RC 框架柱失效方程将为一复杂的非线性方程。在这种情况下，固定偏心距准则一般不适用。若忽略了偏心距的随机性，可能出现不利于安全设计的结果[18-19]。

国外研究者在偏心距随机特性对偏压构件可靠度的影响方面已开展了一些工作。Frangopol 等[20]研究了弯矩与轴力随机相关情形下 RC 柱的可靠度变化规律，分析表明，不考虑荷载的相关特性，将会时而高估或低估可靠度分析结果，造成较大偏差；Hong 等[21]分析了弯矩和轴力随机相关时按加拿大规范设计的 RC 柱可靠度水平，结果表明，设计时不考虑此因素会偏离目标可靠度较多；Mohamed 等[22]对按欧洲规范设计的 RC 柱进行了可靠度校准分析，得到了在与目标可靠度一致条件下设计分项系数值随各参数的变化规律；此外，Milner 等[23]通过在 RC 柱弯矩轴力相关曲线中引入加载路径的概念，分析了忽视弯矩与轴力的随机相关性会造成 RC 柱设计不安全的原因。

国内研究者在这方面也开展了一些研究。蒋友宝等[18-19,24-26]对按 GB 50010—2010《混凝土结构设计规范》设计的 RC 框架柱进行了可靠度校准分析，结果表明：当考虑弯矩和轴力之间的随机相关特性后，中国规范设计方法也存在着类似不足。采用固定偏心距思路来进行分析，忽视了 RC 框架柱失效截面上偏心距随机特性，会导致某些情形下 RC 框架柱设计可靠指标偏低。

黄炎生等[27]分别以偏心距、荷载效应比值和纵筋配筋率为设计变量，对构件截面增大加固后的混凝土柱可靠性进行了分析，结果表明：随着初始偏心距和荷载效应比值的增大，RC 柱的可靠指标减小；当初始偏心距较大时，随着纵筋配筋率的增大，RC柱的可靠指标也随之提高。贡金鑫等[28]研究了随机偏心距对柱破坏模式的影响，结果表明，由于偏心距的随机特性，柱偏压破坏模式的随机性是较为常见的，即设计为大偏压的柱仍有发生小偏压破坏的可能，而设计为小偏压破坏的柱也有发生大偏压破坏的可能。

目前，基于稳健性的设计方法引起了越来越多的关注，它一般包含两层含义。一层含义，稳健性是指在地震、冲击等[29-30]意外作用下的结构冗余和整体能力。另一层含义，稳健性是指参数正态变化下的不变性能[31-32]。基于稳健性设计的含义，有学者提出了改进现行规范设计方法的有效措施。例如，Ching等[33]讨论了在恒定或非恒定荷载和抗力系数设计的情况下，如何实现钻孔桩在广泛的地层场景下均具有稳健的设计可靠性水平。对于RC柱，如何实现随机偏心距下的稳健设计还需要进一步研究。

1.2.2　钢筋混凝土桥墩可靠度

桥墩作为桥梁承上启下的结构构件，在抵御地震作用时是主要抗侧力构件，也往往是薄弱的环节。抗震资料表明，桥梁在地震作用下的破坏主要为下部结构的破坏，即表现为墩柱开裂、屈曲破坏等[34]。当前我国交通骨干网基本形成，桥梁在总线路中比重大，如京沪高速铁路桥梁总长约占总线路的86%[35]，因此，桥墩的可靠性直接影响桥梁及路网的正常运营。对于桥梁，目前国内外多偏向于研究其上部结构的可靠度，而对下部结构的可靠度方面的研究较少。

朱尔玉[36-37]通过研究铁路桥梁重力式桥墩的极限状态设计方法，提出了适用于重力式桥墩包括圆端形桥墩、圆形桥墩和矩形桥墩极限承载力的计算方法；张龙文[38]为研究桥墩非线性地震响应下的抗震可靠度，引入随机函数-谱表示模型与高阶矩法，提出了基于结构响应极值前四阶矩的桥墩抗震可靠度分析方法；王荣辉[39]通过研究桥墩的抗震可靠度，提出了比较符合实际的地震作用概率分布模型并提出了两种桥墩抗震可靠度研究方法；黄耀怡[40]通过对高桥墩的抗风特性和随机振动理论的研究，分析在风荷载作用下桥墩动力可靠性计算方法；樊伟等[41]采用精细有限元技术，利用响应面作为分析基础，提出了一套完整、合理的应用于车辆撞击桥墩的响应面代理模型分析方法，并考虑2组不同车速，分析了不同情况下被撞墩的工作性能，结合Monte Carlo抽样法获得桥墩动力响应的概率特征和桥墩的可靠指标，以及残余承载能力与各随机变量之间的相关灵敏度等。邵俊虎等[42]通过研究船舶撞击桥墩的倒塌概率计算模型，分析了在船舶撞击力下的桥墩可靠指标。

1.2.3　钢筋混凝土主拱可靠度

目前常用桥梁承载能力评定方法有两种。一种是公路桥梁承载能力检测评定技术规程[43]推荐的方法，即通过引入一些验算系数来校核旧桥关键截面的当前状况是否满足现行设计规范的要求，从而评定其承载能力。另外一种常用的评定方法是通过确定桥梁结构某一量值随荷载的变化规律来评定其承载性能，如依据挠度随荷载增加的规律、频率随荷载降低的规律来进行承载能力评定[44]等。但其不如技术规程[43]推荐的评定方法应用广泛。

JTG/T J21—2011《公路桥梁承载能力检测评定规程》[43]推荐的方法对混凝土拱桥主拱圈截面偏心距的随机特性考虑并不充分。例如，该评定方法主要是验算服役拱桥的当前状况是否满足现行设计标准或规范[45-46]的要求。如前所述，现行设计标准或规范[45-46]在校核偏压构件可靠度时，是依据固定偏心距来建立极限状态方程的，即假定偏压构件截面上的弯矩和轴力是完全相关的情形。但在实际工程中，不同分布形式的荷载组合是较为常见的。例如，恒载和车载作用下的混凝土拱桥，其主拱圈截面上的总弯矩和轴压力是由恒载和车载单独引发的内力叠加而成，考虑到车载与恒载的随机变异性，显然此时截面上的弯矩和轴力是介于完全相关和完全独立之间。因而考虑这个因素后，实际拱桥截面的可靠度水平将不同于设计目标可靠度。上述评定方法自然也将有较大误差。

已有对在役混凝土拱桥承载可靠性评估的研究，多是通过计算分析获得失效概率随时间的变化趋势[47-49]，从而判定桥梁的技术状况。实际上这种方法对混凝土偏压构件的抗力和荷载的随机特征考虑并不充分，因而所得结果尚不精确，需加以改进。蒋友宝等[50]以自重荷载和车辆荷载组合作用下的混凝土矩形截面拱桥和混凝土箱形截面拱桥为研究对象，考虑偏心距的随机特性，对混凝土拱桥在不同偏心距设计值、荷载效应比值情形下的可靠度进行了分析，明确了可靠度随荷载效应比值变化的规律。

由于影响在役混凝土拱桥承载性能的随机变量较多，如恒载、混凝土强度、钢筋强度和尺寸偏差等，如何深入考虑偏心距的随机特性，建立其对应的体系失效方程，进而合理地确定在役混凝土拱桥的可靠性，相关研究尚需进一步深入。

1.3　钢筋混凝土框架结构"强柱弱梁"设计方法

1.3.1　现行规范设计方法

"强柱弱梁"是指节点处柱端实际抗弯承载力大于梁端实际抗弯承载力，两者的比值叫做"柱梁抗弯承载力比"。当比值越大时，实现"强柱弱梁"机制的概率就越大。在我国规范中，为了避免或延迟柱端出现塑性铰，采取了内力调节的方法，即将弹性分析下的梁端弯矩设计值乘上一个柱端弯矩增大系数，再用此放大后的弯矩值来控制柱端截面配筋。以下简要介绍几个代表性规范中的"强柱弱梁"设计方法。

1. 中国规范

依据 GB 50011—2010《建筑抗震设计规范》[51] 规定,对于一、二、三、四级抗震等级的框架梁柱节点,除框架顶层和柱轴压比小于 0.15 者及框支梁与框支柱的节点外,柱端组合的弯矩设计值应符合下式要求:

$$\sum M_c = \eta_c \sum M_b \qquad (1.1)$$

一级框架结构和 9 度的一级框架结构可不符合上式要求,但应符合下式要求:

$$\sum M_c = 1.2 \sum M_{bua} \qquad (1.2)$$

式中:$\sum M_c$ 为节点上、下柱端截面顺时针或逆时针方向组合的弯矩设计值之和,上、下柱端的弯矩设计值可按弹性分析分配;$\sum M_b$ 为节点左、右梁端截面逆时针或顺时针方向组合的弯矩设计值之和,一级框架节点左、右梁端均为负弯矩时,绝对值较小的弯矩应取零;$\sum M_{bua}$ 为节点左、右梁端截面逆时针或顺时针方向实配的正截面抗震受弯承载力所对应的弯矩值之和,根据实配钢筋面积(计入梁受压钢筋及相关楼板钢筋)和材料强度标准值确定;η_c 为框架柱端弯矩增大系数,一、二、三、四级框架分别可取为 1.7、1.5、1.3、1.2。

2. 美国规范

按文献[52-53],ACI 318-05 和 ACI 318-08 规定:柱端名义抗弯承载力(相当于我国按材料强度标准值计算的承载力)应满足:

$$\sum M_c \geqslant 1.2 \sum M_g \qquad (1.3)$$

式中:$\sum M_c$ 为节点上、下柱端与轴向力相应的顺时针或逆时针方向名义抗弯强度之和;$\sum M_g$ 为节点左、右梁端逆时针或顺时针方向名义抗弯强度之和,考虑与梁共同作用的有效翼缘宽度内的楼板参与受力(即将带楼板梁当成 T 形梁或 Γ 形梁)。

3. 欧洲规范

欧洲规范 Euro Code 8[54] 采用 3 种结构强度和延性的组合来设计,结构延性等级分为高(DCH)、中(DCM)和低(DCL)三级。对于高级(DCH)和中级(DCM)的延性框架,除顶层节点外,所有梁柱节点两个正交方向的抗弯承载力设计值应满足:

$$\sum M_{Rc} \geqslant 1.3 \sum M_{Rb} \qquad (1.4)$$

式中:$\sum M_{Rc}$ 为节点上、下柱端与轴向力相应的顺时针或逆时针方向柱端抗弯设计值之和;$\sum M_{Rb}$ 为节点左、右梁端逆时针或顺时针方向抗弯设计值之和。

4. 新西兰规范

新西兰规范 NZS3101[55] 在设计延性结构时,考虑地震作用下梁端塑性铰区抗弯承载力超强以及高阶振型所导致的动力放大效应,采取柱端弯矩设计值放大措施,如下式:

$$M_{col} \geqslant \omega_s \phi_0 M_E - 0.3 V_{col} h_b \qquad (1.5)$$

式中:M_{col} 为框架柱抗弯承载力设计值(按材料设计强度计算);ω_s 为动力放大系

数，对于平面内受力的框架结构 $1.3 \leqslant \omega_s = 0.6T_1 + 0.85 \leqslant 1.8$，对于两个主平面内受力的框架 $1.5 \leqslant \omega_s = 0.5T_1 + 1.1 \leqslant 1.9$，$T_1$ 为结构基本周期；ϕ_0 为梁端塑性铰弯曲超强系数，$\phi_0 = \sum M_{bo} / \sum M_{bE}$，$\sum M_{bo}$ 为节点左、右梁端实际屈服承载力之和，$\sum M_{bE}$ 为地震作用下节点梁端弯矩设计值之和；M_E 为在地震力作用下的框架柱内力作用效应；V_{col} 为框架柱剪力设计值；h_b 为节点相邻的框架梁截面高度。

5. 日本规范

日本规范[56]在处理内力调整问题上区别于其他规范，日本规范认为基于小震下的弹性设计来确定"强柱弱梁"为时过早。因此，日本的"强柱弱梁"设计是在二次设计（大震计算）时，考虑构件有可能进入塑性变形阶段，要求在框架结构各节点处柱和梁的塑性受弯承载力须满足下式来保证"强柱弱梁"的实现：

$$\sum M_{cu} > \sum M_{bu} \tag{1.6}$$

式中：$\sum M_{cu}$ 为大震作用下框架节点处考虑材料强度标准值和轴力的柱端塑性抗弯承载力之和；$\sum M_{bu}$ 为大震作用下框架节点处梁端塑性抗弯承载力之和，考虑实配钢筋面积、材料强度标准值、梁端受压钢筋和梁两侧 1m 范围内的受拉板筋面积。由此可见，日本规范"强柱弱梁"保证措施相当于中国规范按实配保证"强柱弱梁"，且柱轴压力按大震作用确定。

6. 规范比对

周靖[57]通过将荷载效应和材料强度换算成设计值，并考虑相关条款的规定后，对比了中国、美国、欧洲和新西兰四地规范柱梁抗弯承载力比的最高要求，认为新西兰规范的要求最高，中、美、欧三地规范的柱梁抗弯承载力比的最高要求较为接近，但美国和新西兰规范都明确指出要求梁端抗弯承载力应考虑现浇楼板的影响，而我国规范仅针对一级框架结构作了相应规定，并仅考虑楼板钢筋的影响。彭展健[58]通过运用中国规范、新西兰规范、日本规范三者之中不同的强柱弱梁内力调整措施，对设定的典型框架结构算例进行内力调整，并通过动力弹塑性分析比较三种内力调整方法所控制的框架结构的强柱弱梁屈服效果。结果表明，按中国规范的调整方法所设计的框架均为梁柱混合铰屈服机制，而新西兰规范和日本规范的调整方法所设计的框架则呈现良好的梁铰屈服机制。

1.3.2 框架结构"强柱弱梁"机制的主要影响因素

楼板以及板筋与框架梁负筋共同参与抵抗弯矩的作用，提高了框架梁的刚度和承载力。唐山地震发生后，对 48 幢框架结构[59]的统计结果表明：对于多数有现浇楼板的框架结构，因为现浇楼板参与工作，柱首先发生破坏；而对于无现浇楼板的空框架，梁出现裂缝集中，且形成了梁端塑性铰。

Durrani 等[60-61]对楼板宽度不同的多个梁板柱节点进行试验，并通过比对不同层间位移角下的钢筋应变变化，指出因为现浇楼板的存在，加强了梁柱节点处的刚度和抗弯承载力，尤其在边柱的框架节点处，因此建议在设计框架梁、柱的过程中，应考虑楼板翼缘及楼板钢筋的加强作用。French[62]统计了13个中节点和7个边节点的试验数据，提出在不考虑楼板作用下，其计算承载力相比于考虑楼板作用情况下的实测承载力分别减少了25％和17％。Canbolat[63]等进行了有关梁板柱节点试验，结果表明了楼板的存在可以增强节点的抗震性能，建议正弯矩区依据美国ACI规范中楼板翼缘宽度来取值并由相应的等效T形截面来配筋，负弯矩区则需把ACI规范提出的楼板翼缘宽度区域内的板筋当成共同承受弯矩的钢筋。蒋永生等[64]测试过几组现浇混凝土梁柱节点的比对试验，表明对于带翼缘框架梁因为翼缘内平行于梁肋的钢筋也有受力，导致节点处的实际负向屈服弯矩比无翼缘梁的实际弯矩值增加了30％。郑士举[65]对10个现浇框架节点实施低周反复加载试验，建议框架中节点的有效翼缘宽度取梁宽与3.5倍梁高之和、1/3梁跨两者中的较小值，框架边节点则取梁宽与1.5倍梁高之和、1/6梁跨两者中的较小值。

汶川地震后，基于已有的研究成果，我国更新了规范。但是由于翼缘宽度取值的影响因素较多，而且板筋参与受弯的程度也随着钢筋与梁肋距离的增加而降低，因此相关专家对楼板所造成的影响程度尚未有统一的观点。规范采取了框架梁每侧6倍板厚的宽度作为有效翼缘。

1.3.3　柱端弯矩增大系数的取值

Ono、Zhao和Ito[66]采取概率方法对柱端弯矩增大系数进行复杂的理论分析；Kara和Joseph[67]利用可靠度理论，将柱端弯矩增大系数从0.8变化至2.0，分别分析研究了三层和六层两个框架结构，提出柱端弯矩增大系数最小用2.0，才能实现强柱弱梁。Paulay[68]提出在考虑地震作用的随机性后，对于单向受力和双向受力情况下，柱端抗弯承载力之比需求要分别达到2.0和3.0以上。

叶列平等[69]对比了几个有代表性国家的规范，分析了我国的规范[70]在强柱弱梁设计上存在的主要问题，汇总了框架结构没有实现"强柱弱梁"的原因，如梁筋超配、现浇楼板的影响、地震动的随机性等，计算了柱梁抗弯承载力比需求，提出了改进的强柱弱梁设计方法。杨红等[71-73]按规范采用不同的柱端弯矩增大系数进行框架设计，并利用动力分析软件PL-AFJD对这些框架进行多条地震动下的响应分析，识别柱弯矩增大系数取值对框架在强震下形成的塑性铰机构的控制效果，并分析达到不同控制效果的主要原因，最后认为我国8度区二级抗震采取的柱端弯矩增大系数明显偏小。吕大刚等[74]以一榀RC框架结构为例，采用Pushover方法对其进行侧向增量倒塌分析，得到不同柱端弯矩增大系数取值对框架结构破坏模式的影响。结果表明：该系数越大，结构呈现梁铰机制整体破坏的趋势越明显。

蔡健[75]等利用可靠度分析方法，以二级抗震等级下的三层框架和六层框架为对象，研究了框架节点发生强柱弱梁失效的概率，然后考虑影响结构实现强柱弱梁破坏的主要设计参数和地震动时程最大加速度的随机性，采用Monte Carlo

方法模拟楼层和结构整体形成"强梁弱柱"破坏的概率,认为当柱端弯矩增大系数大于 2.0 时,可得到良好的"强柱弱梁"效果。马宏旺[76]采用可靠度分析方法计算 RC 框架结构单个节点的"强柱弱梁"可靠度,得到了不同抗震设防烈度下呈现"强柱弱梁"破坏模式的可靠度与失效概率,认为当柱端弯矩增大系数分别取 1.4、1.2、1.1 时,失效概率分别为 5.8%、26.7%、46.8%,并且提出一种基于投资与效益准则的确定柱端弯矩增大系数值的方法。

1.4　钢筋混凝土双偏压构件可靠度研究

1.4.1　钢筋混凝土双偏压构件承载力计算

地震作用下当框架柱处于双偏压受力状况时,较单偏压受力状况更为不利,这是导致 RC 框架柱易破坏的重要原因之一[77-78]。对于规则 RC 框架结构的抗震设计,一般可不考虑扭转耦联计算地震效应,需在框架结构的两个主轴方向(X 向或者 Y 向)分别计算水平地震作用,各方向的水平地震作用由该方向抗侧力构件承担。由于结构受力的复杂性和结构参数的不确定性,即使在基本组合(重力荷载和单一主轴方向地震作用组合)下框架柱截面也会呈双偏压受力状态,且截面轴力以及两个主轴方向上的弯矩均具有较大的不确定性。

我国对 RC 双向偏心受压构件的研究,可以追溯至 20 世纪 50 年代,当时研究者从不同的概念和途径,提出了相应的双偏压承载力计算方法。到了 20 世纪 70 年代,蓝宗建等[79]为进一步认识了解 RC 双偏压构件的受力性能和破坏特征,在对 46 根 RC 双偏压柱进行试验的基础上提出了 RC 双向偏心受压构件正截面承载力计算公式,且通过统计 94 组短柱的试验值分析出该计算方法的可行性。结果表明,该方法精度较好,但由于其计算过程烦琐,因此没有得到广泛应用。

20 世纪 70～90 年代,鲍质孙[80]针对 RC 矩形截面配任意钢筋的双向偏心受压构件进行了大量研究;在服从平截面假定的前提下,通过对比大量试验,提出了针对 RC 双向偏心受压构件受压区图形的计算方法;基于这些计算方法编制了大量相关的电算程序,并将之用来分析和研究 RC 双向偏心受压构件承载力,最终提出了对称配筋矩形截面的 RC 双向偏心受压构件承载力的两种计算方法。经证实,这两种方法计算过程较为简单,且计算结果较为安全[80-81]。

2005 年,浙江大学楼铁炯等[82]发表了一篇名为双向偏压 RC 柱的有限元分析模型的论文,在文中提出了不限截面类型的双向偏心受压 RC 纤维积分方法。该有限元分析模型不再采用传统的截面分条法或分块法,而是采用了纤维积分法。由于这种方法可以对 RC 材料进行非线性分析,因此,可以对 RC 双向偏心受压构件承载力进行高精度的有限元分析。

2013 年,麻志刚等[83]通过借鉴美国混凝土结构设计规范和澳大利亚混凝土设计规范中关于 RC 双向偏心受压构件的计算方法，并结合我国混凝土设计规范提出了一种较为安全且精确的设计方法，其表达式如下：

$$\left(\frac{Ne_{ix}}{M_{ux}}\right)^{\alpha_n} + \left(\frac{Ne_{iy}}{M_{uy}}\right)^{\alpha_n} \leqslant 1.0 \tag{1.7}$$

式中：N 为轴向压力设计值；e_{ix}、e_{iy} 分别为 x 轴和 y 轴方向上的初始偏心距；M_{ux}、M_{uy} 分别为 x 轴和 y 轴方向单向偏心受压时考虑附加偏心距影响的构件能够承受的极限弯矩设计值；指数 α_n 为关于轴力 N/N_{u0} 的多项式函数。

除了上述研究者针对 RC 双偏压构件进行过研究之外，杜汉民等[84]、王依群等[85]、高清华[86]、柳炳康[87]、李杨红等[88]、赵建昌[89] 和杨高中[90] 等一批国内学者对 RC 双偏压构件承载力的研究做出了较大贡献，并为后来学者进一步的研究提供了坚实的基础。

我国现行 GB 50010—2010《混凝土结构设计规范》采用的 RC 双向偏心受压构件近似承载力计算方法有两种：一是通过附录规定的有限元方法进行计算，二是应用弹性阶段应力叠加的方法推导得到的倪克勤（Nikitin）公式进行近似计算，该计算式如下：

$$N \leqslant \frac{1}{\dfrac{1}{N_{ux}} + \dfrac{1}{N_{uy}} - \dfrac{1}{N_{u0}}} \tag{1.8}$$

式中：N_{u0} 为构件轴心受压承载力设计值；N_{ux} 和 N_{uy} 分别是轴向压力作用于 x 轴、y 轴并考虑相应偏心距 e_x 和 e_y 后，按全部纵向钢筋计算的单偏压承载力设计值。

规范规定的两种方法各有利弊，可根据具体情形，分别运用于不同的计算情形。

国外对于 RC 双向偏心受压构件的研究同样可以追溯至 20 世纪 50 年代。1951 年，Anderson P 等[91] 发表了一篇开创性的关于双偏压柱的论文，该论文采用弹性分析方法研究 RC 双向偏心受压构件，虽然这种方法由于忽略材料的塑性而导致计算结果会存在较大的误差，但仍然在当时引起了较大的反响。之后，Chu Kuang-Han 等[92] 考虑了塑性，将混凝土的受压区分为弹性部分和非弹性部分，对 RC 双向偏心受压构件中性轴的位置进行研究，经过反复的试验和分析，得出可以通过截面的轴力和弯矩平衡来确定双偏压构件中性轴位置的结论。

Bresler[93] 通过分析 RC 双向偏心受压构件承载力随配筋率和偏心距的影响，提出了破坏曲面的概念，并最终建立了两种关于 RC 双向偏心受压构件承载力的计算方法：倒数荷载法（the reciprocal load method）和荷载等值线法（the load contour method），至今仍然被美国混凝土设计规范 ACI 318-14[94] 采纳使用。这些研究成果对后来从事双偏压构件承载力研究的学者起到了非常重要的指导作用，也为进一步分析双偏压构件承载力提供了重要基础。Hsu[95] 在荷载等值线法的基础上，提出了改进的荷载等值线法，其设计表达式如式（1.9）所示，通过

12 个设计实例的验证，改进的荷载等值线法拥有比荷载等值线法更高的精度，更广的适用范围。Hong[96] 考虑混凝土和钢筋的非线性应力应变关系，且不作关于受压区混凝土的极限应变的假设，提出了改进的双偏压承载力计算方法，之后通过与 85 根双偏压试验柱试验结果对比，验证了该方法的合理性和适用性。

$$\left(\frac{P_n-P_{nb}}{P_o-P_{nb}}\right)+\left(\frac{M_{nx}}{M_{nbx}}\right)^{1.5}+\left(\frac{M_{ny}}{M_{nby}}\right)^{1.5}=1.0 \tag{1.9}$$

式中：P_n 为轴力名义值；M_{nx}、M_{ny} 分别为关于 x 轴和 y 轴的弯矩名义值；P_o 为轴心受压承载力名义值；P_{nb} 为界限受压时的轴力名义值；M_{nbx}、M_{nby} 分别为界限受压时关于 x 轴和 y 轴的弯矩名义值。

随着计算机在研究领域的普及，为了更加精确地计算 RC 双向偏心受压构件承载力，很多研究者利用计算机辅助迭代程序求解曾经手算很难计算的含有多个未知变量的非线性等式。Wang[97] 编写了偏心距 e_x 和 e_y 给定时双偏压构件承载力计算的子程序。该程序通过三级迭代步骤重复使用来定位中性轴位置以满足给定的 e_x 和 e_y 值，进而计算得到双偏压构件的承载力。

总之，各国规范对 RC 双向偏心受压构件承载力的计算公式的规定不尽相同。对于中国规范，如前所述，主要采用倪克勤公式。对于美国混凝土设计规范 ACI 318-14，推荐使用的是 Bresler[93] 提出的倒数荷载法和荷载等值线法，其表达式如公式（1.10）和公式（1.11）所示。

$$\frac{1}{P_i}=\frac{1}{P_x}+\frac{1}{P_y}-\frac{1}{P_o} \tag{1.10}$$

式中：P_o 为轴心受压下的名义承载力；P_x 和 P_y 分别为偏心距为 e_y 和 e_x 时的单向名义受压承载力。

$$\left(\frac{M_{nx}}{M_{0x}}\right)^{\alpha1}+\left(\frac{M_{ny}}{M_{0y}}\right)^{\alpha2}=1.0 \tag{1.11}$$

式中：M_{nx} 和 M_{ny} 分别为绕 x 轴和绕 y 轴的弯矩名义值；M_{0x} 和 M_{0y} 分别为 e_y 和 e_x 等于 0 时的 M_{ex} 和 M_{ey}；α_1 和 α_2 为指数，与截面尺寸、混凝土、纵筋、保护层厚度等因素有关。

1.4.2　钢筋混凝土双偏压构件承载力可靠度研究

目前，大多数研究者均是对单偏压柱承载力进行可靠度研究，对双偏压柱可靠度的研究较少。Wang[97] 基于规范的倒数荷载法，采用一次二阶矩方法（FORM）求得 RC 双偏压柱的承载力可靠指标，且分析了 RC 双偏压柱的承载力可靠指标随配筋率、偏心距以及荷载比变化的敏感程度，最后还通过分析得出了单、双偏压承载力可靠指标的不一致性；Kim 等[98] 基于荷载等值线法使用改进的一次二阶矩法（AFORM）对 RC 双偏压柱进行承载力可靠指标计算，且提出了一种较为精确且适用各种截面形状的 RC 双偏压柱承载力可靠指标求解方法。以上研究不够深入全面，如没有考虑偏心距的随机特性及其影响，因此双偏压构件可靠度还有待进一步研究。

1.5　本书的主要内容

工程结构的支承构件多为 RC 偏压柱，然而现有规范或标准在校核偏压柱可靠度时，采用固定偏心距思路来建立简化的线性失效方程，进而完成可靠度分析。实际上，由于水平荷载（地震、风载）的随机不确定性，偏压柱截面偏心距亦会随机变化，进而导致可靠度校核结果将会有较大偏差。本书主要对随机偏心距下 RC 柱可靠度进行研究，可为 RC 柱设计方法的进一步完善提供支撑。

本书主要内容如下：

第 1 章为概述。首先简要介绍了选题的背景及意义；然后对 RC 偏压构件可靠度评估的国内外研究现状进行了概括性总结；其次对比讨论了各国规范中"强柱弱梁"设计方法及其差异，对影响框架结构"强柱弱梁"屈服机制实现的主要因素做了简要概述；最后对 RC 双向偏心受压构件的承载可靠度研究现状进行了分析与总结。

第 2 章为随机偏心距下 RC 柱抗力概率计算。首先建立 RC 柱截面随机偏心距计算模型，并对其偏心距的随机特性进行分析；提出 RC 柱抗力概率计算方法，进而研究不同参数下 RC 偏压构件的抗力统计参数，并对比分析随机偏心距下不同 RC 偏压构件抗力概率模型的适用性。

第 3 章为考虑随机偏心距的 RC 柱可靠度变化规律。针对中国规范设计的 RC 柱，建立随机偏心距下 RC 柱可靠度模型，探究典型框架结构中 RC 柱可靠度变化规律；进一步提出按大偏压设计的 RC 柱的两种可靠度简化模型，并对其适用性进行分析与讨论。

第 4 章为随机偏心距下按不同国家和地区规范设计的 RC 柱可靠度校准与改进。首先对比中、美、欧三地规范中 RC 柱承载力设计方法；并对按中、美、欧三地规范设计的大偏压 RC 柱的抗震与抗风承载力可靠度进行校准分析，揭示随机偏心距下各国规范设计的大偏压 RC 柱抗震与抗风承载力可靠度稳健性均较差的特点；针对此现象，分别提出改进的可实现稳健可靠性的设计分项系数。

第 5 章为考虑柱偏心距随机特性的 RC 框架"强柱弱梁"可靠度及设计改进与验证。考虑柱截面偏心距的随机特性及地震作用下柱截面受拉破坏的可能性，分析不同设计参数情形下 RC 框架"强柱弱梁"设计可靠度，明确可靠度随设计参数变化的规律。针对不利情形，提出一种基于可靠度的改进设计方法，并通过大震弹塑性分析验证改进方法的有效性。

第 6 章为双向随机偏心距下 RC 柱可靠度分析。基于已有的双偏压柱试验数据，分析混凝土结构设计规范中双偏压构件抗力计算模式的不确定性及其对极限状态方程的影响；进一步对双偏压 RC 柱抗震与抗风承载力可靠度进行分析，明确考虑双向随机偏心距后 RC 柱的抗震与抗风承载力可靠度较单向随机偏心距下的可靠度均有较大程度降低的规律。

参考文献

［1］清华大学土木工程结构专家组，叶列平，陆新征．汶川地震建筑震害分析［J］．建筑结构学报，2008（4）：1-9.

［2］沈聚敏，周锡元，高小旺，等．抗震工程学［M］．北京：中国建筑工业出版社，2015：404-454.

［3］叶列平，曲哲，马千里，等．从汶川地震框架结构震害谈"强柱弱梁"屈服机制的实现［J］．建筑结构，2008（11）：52-59.

［4］Li Yue，Ellingwood Bruce R. Hurricane damage to residential construction in the US：Importance of uncertainty modeling in risk assessment［J］. Engineering Structures，2006，28（7），1009-1018.

［5］李遇春．某双悬臂渡槽风致破坏原因分析［J］．同济大学学报（自然科学版），2008（11）：1485-1489.

［6］中华人民共和国建设部．建筑结构可靠度设计统一标准（2001 年版）：GB 50068—2001［S］．北京：中国建筑工业出版社，2001.

［7］中华人民共和国建设部．混凝土结构设计规范（2002 年版）：CB 50010—2002［S］．北京：中国建筑工业出版社，2002.

［8］Mirza S. Ali. Reliability-based design of reinforced concrete columns［J］. Structural Safety，1996，18（2-3）：179-194.

［9］Stewart Mark G，Attard Mario M. Reliability and model accuracy for high-strength concrete column design［J］. Journal of Structural Engineering，1999，125（3）：290-300.

［10］Breccolotti Marco，Materazzi Annibale Luigi. Structural reliability of eccentrically-loaded sections in RC columns made of recycled aggregate concrete［J］. Engineering Structures，2010，32（11）：3704-3712.

［11］Ellingwood Bruce R. Statistical analysis of RC beam-column interaction［J］. Journal of the Structural Division，ASCE，103（ST7），1377-1387.

［12］Israel Morris，Ellingwood Bruce R. Reliability-Based code formulations for reliability concrete buildings［J］. Journal of Structural Engineering，1992，113（10）：2235-2252.

［13］Ruiz Sonia E，Cipriano Aguilar J. Reliability of shot and slender reinforced-concrete columns［J］. Journal of structural engineering，1994，120（6）：1850- 1865.

［14］Mifik Tich K，Milos Vorlicek. Safety of eccentrically loads reinforced concretecolumns［J］. Journal of Structural Divison，1962，88（5）：1-10.

［15］蒋友宝，杨伟军．不对称荷载下大跨空间结构体系可靠性设计研究［J］．工程力学，2009，26（7）：105-110.

［16］Jiang You Bao，Zhang J R. Characteristic analysis of load effect function under complex loads［C］//Proceedings of the 4th International Conference on Advances in Structural Engineering and Mechanics. Seoul，Korea：Techno- Press，2008：3251-3260.

［17］马宏旺．钢筋混凝土框架结构抗震可靠度分析［D］．大连：大连理工大学，2001：37-49.

［18］Jiang You Bao，Sun Guo Heng，He Yi Hua，et al. A nonlinear model of failure function for reliability analysis of RC frame columns with tension failure［J］. Engineering Structures，2015，98（sep. 1）：74-80.

［19］Jiang You Bao，Yang Wei Jun. An approach based on theorem of total probability for reliability analysis of RC columns with random eccentricity［J］. Structural Safety，2013，41：37-46.

［20］Frangopol Dan M，Ide Yutaka，Spacone Enrico，et al. A new look at reliability of reinforced concrete columns［J］. Structural Safety，1996，18（2）：123-150.

［21］Hong H P，Zhou W. Reliability evaluation of RC columns［J］. Journal of Structural Engineering，1999，125（7）：784-790.

［22］Mohamed A，Soares R，Venturini W S. Partial safety factors for homogeneous reliability of nonlinear reinforced concrete columns［J］. Structural Safety，2001，23（2）：137-156.

［23］Milner David M，Spacone Enrico，Frangopol Dan M. New light on performance of short and slender reinforced concrete columns under random loads［J］. Engineering Structures，2001，23（1）：147-157.

［24］蒋友宝，杨毅，杨伟军．基于弯矩和轴力随机相关特性的RC偏压构件可靠度分析［J］．建筑结构学报，2011，32（8）：106-112.

［25］蒋友宝，杨伟军．基于偏心距随机特性的RC框架柱承载力抗震调整系数［J］．中南大学学报（自然科学版），2012，43（7）：2796-2802.

［26］蒋友宝，黄星星，冯鹏．大偏压RC柱中美两国规范抗震承载力设计方法对比与随机偏心距下的可靠度分析［J］．建筑结构学报，2015，36（增刊2）：216-222.

［27］黄炎生，宋欢艺，蔡健．钢筋混凝土偏心受压构件增大截面加固后可靠度分析［J］．工程力学，2010，（8）：146-151.

［28］贡金鑫，郑峤．钢筋混凝土偏心受压构件安全性的概率分析［J］．工业建筑，2003，（11）：28-31.

［29］Anitori Giorgio，Casas Joan Ramon，Ghosn Michel. Redundancy and Robustness in the Design and Evaluation of Bridges：European and North American Perspectives［J］. Journal of Bridge Engineering，2013，18（12）：1241-1251.

［30］Masoero E，Wittel F K，Herrmann H J，et al. Hierarchical structures for a robustness-oriented capacity design［J］. Journal of Engineering Mechanics，2015，138（11）：1339-1347.

［31］Sandgren Eric，Cameron T M. Robust design optimization of structures through consideration of variation［J］. Computers & Structures，2002，80（20-21）：1605-1613.

［32］Oh Minjin，Lee Moon Kyu，Kim Naksoo. Robust design of roll-formed slide rail using response surface method［J］. Journal of Mechanical Science & Technology，2010，24（12）：2545-2553.

［33］Ching Jianye，Phoon Kok-Kwang，Chen Jie-Ru，et al. Robustness of constant load and resistance factor design factors for drilled shafts in multiple strata [J]. Journal of Geotechnical and Geoenvironmental Engineering, 2013, 139 (7): 1104-1114.

[34] 陈惠发，段炼. 桥梁工程抗震设计 [M]. 蔡中民，等译. 北京：机械工业出版社，2008.

[35] 孙树礼. 高速铁路桥梁设计与实践 [M]. 北京：中国铁道出版社，2011.

[36] 朱尔玉，刘磊，海潮. 双向偏心受压下圆端形重力式桥墩台极限承载力实用计算 [J]. 铁道工程学报，2005，(6)：25-27.

[37] 朱尔玉，李廷春. 矩形和圆形截面重力式桥墩台双向受压下截面极限承载力实用计算方法 [J]. 铁道标准设计，2004，(3)：5-6.

[38] 张龙文，卢朝辉. 基于结构响应极值前四阶矩的桥墩抗震可靠度 [J]. 振动与冲击，2020，39 (07)：36-42＋50.

[39] 王荣辉. 桥墩抗震可靠度的研究 [J]. 世界地震工程，1993 (04)：36-40.

[40] 黄耀怡. 关于高桥墩抗风设计的动力可靠性分析 [J]. 桥梁建设，1993 (02)：49-57.

[41] 樊伟，毛薇，庞于涛，等. 钢筋混凝土柱式桥墩抗车撞可靠度分析研究 [J]. 中国公路学报，2021，34 (02)：162-176.

[42] 邵俊虎，赵人达，耿波. 基于可靠度的船撞桥梁倒塌概率分析 [J]. 公路交通科技，2014，31 (04)：57-63.

[43] 中华人民共和国交通运输部. 公路桥梁承载能力检测评定技术规程：JTG/T J21—2011 [S]. 北京：人民交通出版社，2011.

[44] 罗娜，胡大琳，任少强. 动测法评定钢筋砼拱桥承载力初探 [J]. 重庆交通大学学报，2001，20 (3)：23-27.

[45] 中华人民共和国住房和城乡建设部. 工程结构可靠性设计统一标准（2008 年版）：GB 50153—2008 [S]. 北京：中国建筑工业出版社，2008.

[46] 中华人民共和国交通运输部. 公路桥涵设计通用规范：JTG D60—2015 [S]. 北京：人民交通出版社，2015.

[47] Stewart Mark G, Val Dimitri V. Role of load history in reliability-based decision analysis of aging bridges [J]. Journal of Structural Engineering, 1999, 125 (7): 776- 783.

[48] 彭可可，黄培彦，邓军. 在役钢筋混凝土拱桥时变可靠度分析 [J]. 中国铁道科学，2009，30 (3)：15-20.

[49] De Brito J, Branco F A, Thoft-Christensen P, et al. An expert system for concrete bridge management [J]. Engineering Structures, 1997, 19 (7): 519-526.

[50] 蒋友宝，罗军，张建仁，等. 考虑偏心距随机特性的矩形和箱形截面混凝土拱桥可靠度分析 [J]. 公路交通科技，2015，32 (4)：78-82.

[51] 中华人民共和国住房和城乡建设部. 建筑抗震设计规范（2016 年版）：GB 50011—2010 [S]. 北京：中国建筑工业出版社，2016.

[52] Building code requirements for structural concreteand commentary（ACI318-08）[S]. ACI Committee 318, 2008.

[53] Dooley Kara L, Joseph, Bracci M. Seismic evaluation of column-to-beam strength ratios in reinforced concrete frames [J]. ACI Structural Journal, 2001, 98 (6): 843-851.

[54] European Committee for Standardization. Design of structures for earthquake resistance

[S]. Part 1: General Rules, Seismic Actions and Rules for Buildings. Brussels: ECS, 2003.

[55] Concrete Design Committee. Concrete structures standard: Part 1-the Design of Structures (NZS3101) [S]. New Zealand Standard, 2006, 9: 1-11.

[56] 孙玉平, 赵世春, 叶列平. 中日钢筋混凝土结构抗震设计方法比较 [J]. 建筑结构, 2011, 41 (5): 13-19.

[57] 周靖. 钢筋混凝土框架结构基于性能系数抗震设计法的基础研究 [D]. 广州: 华南理工大学, 2006.

[58] 彭展健. 钢筋混凝土框架结构强柱弱梁破坏模式对比及改进研究 [D]. 哈尔滨工业大学, 2016.

[59] 肖从真. 汶川地震震害调查与思考 [J]. 建筑结构, 2008, 38 (7): 21-24.

[60] Durrani Ahmad J, Zerbe Hikmat E. Seismic resistance of R/C exterior connections with floor slab [J]. Journal of Structural Engineering, ASCE, 1987, 113 (8): 1850-1864.

[61] Durrani Ahmad J, Wight James K. Earthquake resistance of reinforced concreteInterior connections including a floor slab [J]. ACI Structural Journal, 1987, 84 (5): 400-406.

[62] French Catherine W, Moehle Jack P. Effect of floor slab on behavior of slab-beam-column connections [C]. Design of Beam-Column Joints for Seismic Resistance, SP-123, American Concrete Institute, Farmington Hills, Mich., 1991: 225-258.

[63] Canbolat Burak Burcu, Wight James K. Experimental investigation on seismic behavior of eccentric reinforced concrete beam-column-slab connections [J]. ACI Structural Journal, 2008, 105 (2): 154-162.

[64] 蒋永生, 陈忠范, 周绪平, 等. 整浇梁板的框架节点抗震研究 [J]. 建筑结构学报, 1994, 12 (3): 11-16.

[65] 郑士举, 蒋利学, 张伟平, 等. 现浇混凝土框架梁端截面有效翼缘宽度的试验研究与分析 [J]. 结构工程师, 2009, 25 (2): 134-140.

[66] Ono Tetsuro, Zhao Yan Gang, Ito Takuya. Probabilistic evaluation of column overdesign factors for frames [J]. Journal of Structural Engineering, 2000, 126 (5): 605-611.

[67] Kara L. Dooley, Joseph M. Bracci. Seismic evaluation of column-to-beam strength ratios in reinforced concrete frames [J]. ACI Structrue Journal, 2001, 98 (80): 843-851.

[68] Paulay T. Developments in the design of ductile reinforced concrete frames [J]. Bulletin of the New Zealand National Society for Earthquake Engineering, 1979, 12 (1): 35-43.

[69] 叶列平, 马千里, 缪志伟. 钢筋混凝土框架结构强柱弱梁设计方法的研究 [J]. 工程力学, 2010, 27 (12): 102-113.

[70] 中华人民共和国住房和城乡建设部. 建筑抗震设计规范 (2010 年版): GB 50011—2010 [S]. 北京: 中国建筑工业出版社, 2010.

[71] 杨红, 韦锋, 白绍良, 等. 柱增强系数取值对钢筋混凝土抗震框架塑性铰机构的控制效果 [J]. 工程力学, 2005, 22 (2): 155-161.

[72] 杨红, 王珍, 韦锋, 等. 柱底抗弯能力增强措施对钢筋混凝土框架抗震性能的影响 [J]. 世界地震工程, 2002, 18 (4): 66-72.

[73] 杨红, 白绍良. 抗震钢筋混凝土结构承载力级差设计法的实质 [J]. 重庆建筑大学学报,

2000，22（增刊）：93-101.

[74] 吕大刚，崔双双，陈志恒．基于 Pushover 分析的钢筋混凝土框架结构抗侧向倒塌能力评定 [J]．工程力学，2013，31（1）：180-189.

[75] 蔡健，周靖，方小丹．柱端弯矩增大系数取值对 RC 框架结构抗震性能影响的评估 [J]．土木工程学报，2007，40（1）：6-14.

[76] 马宏旺，陈晓宝．钢筋混凝土框架结构强柱弱梁设计的概率分析 [J]．上海交通大学学报，2005，39（5）：723-726.

[77] 杨红，王七林，白绍良．双向水平地震作用下我国框架的"强柱弱梁"屈服机制 [J]．建筑结构，2010，40（8）：71-76.

[78] 杨红，朱振华，白绍良．双向地震作用下我国"强柱弱梁"措施的有效性评估 [J]．土木工程学报，2011，44（1）：58-64.

[79] 蓝宗建，蒋永生．钢筋混凝土双向偏心受压构件的强度设计-直接设计法 [J]．建筑结构，1982，3（1）：21-25.

[80] 鲍质孙．钢筋混凝土双向偏心受弯构件的强度计算及其简化方法 [J]．建筑结构学报，1989：19-28.

[81] 国家建委建筑科学研究院．钢筋混凝土结构研究报告集 [M]．北京：中国建筑工业出版社，1977：201-215.

[82] 楼铁炯，项贻强，郭乙木．双向偏压钢筋混凝土柱的有限元分析模型 [J]．浙江大学学报（工学版），2005，39（8）：1202-1205.

[83] 麻志刚．钢筋混凝土双向偏心受压矩形截面构件正截面承载力简便算法 [J]．建筑结构，2013，43（23）：87-91.

[84] 杜汉民，邓淑芬．钢筋混凝土矩形截面双向偏心受压构件配筋计算 [J]．建筑结构学报，1985，3（5）：36-42.

[85] 王依群，温洪星，赵艳静．双向偏压钢筋混凝土矩形柱正截面配筋计算 [C]．第十二届全国高层建筑结构学术会议，2008.

[86] 高清华．钢筋混凝土双向偏心受压构件的图表计算法 [J]．建筑结构，1986，3（1）：21-26.

[87] 柳炳康．钢筋混凝土双向偏压构件承载力计算的等效截面法 [J]．合肥工业大学学报（自然科学版），1993，16（3）：97-104.

[88] 李杨红，尹知农．钢筋混凝土双向偏心受压构件的电算方法 [J]．广州大学学报（自然科学版），2003，2（5）：480-482.

[89] 赵建昌．钢筋混凝土双向偏压方柱正截面承载能力计算的等价弯矩法 [J]．工程力学，1999，增刊 1：257-262.

[90] 杨高中．钢筋混凝土矩形截面双向偏心受压构件的直捷合理设计的推广 [J]．中南公路工程，1984，8（1）：73-78.

[91] Pual Anderson, Hwa-Ni Lee. A modified plastic theory of reinforced concrete [R]. Twin Cities：University of Minnesota，1951：1-44.

[92] Chu Kuang-Han, Pubarcius Algis. Biaxially loaded reinforced concrete columns [J]. Journal of the Structural Division, ASCE, 1958, 84（ST8）：30-35.

[93] Bresler Boris. Design criteria for reinforced columns under axial load and biaxial bending

[J]. Journal of the American Concrete Institute，1960，32（5）：481-490.

[94] ACI 318-14 Building code requirements for reinforced concrete and commentary [S]. Detroit，MI：American Concrete Institute，2014.

[95] Hsu C T. Analysis and design of square and rectangular columns by equation of failure surface [J] . ACI Structural Journal，1988，85（2）：167-179.

[96] Hong H P. Short reinforced concrete column capacity under biaxial bending and axial load [J] . Canadian Journal of Civil Engineering，2000，27（6）：1173-1182.

[97] Wang Chu Kia. Solving the biaxial bending problem in reinforced concrete by three-level iteration procedure [J] . Microcomputers in Civil Engineering，1988，3（4）：311-320.

[98] Kim Ji Hyeon，Lee Hae Sung. Reliability assessment of reinforced concrete rectangular columns subjected to biaxial bending using the load contour method [J] . Engineering Structures，2017，150（1）：636-645.

2 随机偏心距下钢筋混凝土柱抗力概率计算

2.1 偏心距的随机特性分析

目前，关于水平荷载与竖向荷载组合下 RC 框架柱截面偏心距随机特性的研究较少，为此先给出水平与竖向荷载联合作用下偏心距的计算模型，然后分析偏心距设计值的概率特性。

2.1.1 偏心距的计算模型

对于水平荷载 q 和竖向荷载 g 共同作用下的框架结构，如图 2.1 所示，其中 r_{gi} 和 r_{qi} 代表给定的荷载比例。RC 框架柱截面弯矩 M 和轴力 N 一般可表示为：

$$M = a_1 g + b_1 q \tag{2.1a}$$

$$N = a_2 g + b_2 q \tag{2.1b}$$

式中：a_1、b_1、a_2 和 b_2 分别为对应的荷载效应系数。

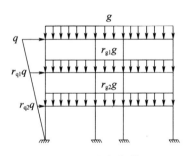

图 2.1　一个框架模型

对于不同的框架结构设计实例，水平荷载与竖向荷载效应值的组合比例会不同，一般引入荷载效应比 ρ_M 和 ρ_N 来考虑这种差异。

$$\rho_M = b_1 q_k / a_1 g_c \tag{2.2a}$$

$$\rho_N = b_2 q_k / a_2 g_c \tag{2.2b}$$

式中：q_k 为水平荷载作用标准值，g_c 为竖向荷载代表值。

设与式（2.1）对应的偏心距为 e，则有

$$e = \frac{M}{N} = \frac{a_1 \ (g/g_c + \rho_M q/q_k)}{a_2 \ (g/g_c + \rho_N q/q_k)} \tag{2.3}$$

由于在一般情形下，ρ_M 与 ρ_N 并不相等，因此偏心距与随机变量 g、q 取值有关，此时偏心距明显存在着随机变异特性。

本文主要考虑水平荷载（风荷载或地震作用）主导弯矩的荷载组合情况。根据荷载组合的设计规则，可以假设竖向荷载包括恒载和活载。对于钢筋混凝土柱设计，假设荷载分项系数为 γ_g 和 γ_q，则弯矩和轴力的设计值可表示为

$$M_d = \gamma_g a_1 g_c + \gamma_q b_1 q_k \tag{2.4a}$$

$$N_d = \gamma_g a_2 g_c + \gamma_q b_2 q_k \tag{2.4b}$$

式中：下标 d 表示设计值。然后，相应的偏心距 e_d 表示为

$$e_d = \frac{M_d}{N_d} = \frac{a_1 \ (\gamma_g + \gamma_q \rho_M)}{a_2 \ (\gamma_g + \gamma_q \rho_N)} \tag{2.5}$$

假设 e' 是偏心距的归一化值，$F_e \ (x)$ 是其累积分布函数，它们的定义式分别为

$$e' = \frac{e}{e_d} = \frac{(g' + \rho_M q') \ (\gamma_g + \gamma_q \rho_N)}{(g' + \rho_N q') \ (\gamma_g + \gamma_q \rho_M)} \tag{2.6}$$

$$F_e \ (x) = P \ (e' < x) \tag{2.7}$$

式中：$g' = g/g_c$，$q' = q/q_k$，且 g' 和 q' 是标准化的随机变量。

当 e' 取任意值 x，式 (2.6) 将变成

$$(\lambda x - 1) \ g' + \ (\lambda x \rho_N - \rho_M) \ q' = 0 \tag{2.8}$$

式中：$\lambda = \ (\gamma_g + \gamma_q \rho_M) \ / \ (\gamma_g + \gamma_q \rho_N)$。

可见式 (2.8) 是如图 2.2 所示的线性函数，$F_e \ (x)$ 是图 2.2 中标记的积分区域 D_1 中 g' 和 q' 的联合概率密度函数的积分值。因此，$F_e \ (x)$ 计算如下：

$$F_e(x) = \iint\limits_{D_1} f(g', q') \mathrm{d}g' \mathrm{d}q' \tag{2.9}$$

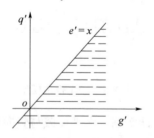

图 2.2 e' 概率分布的积分面积

如果竖向荷载和水平荷载相互独立，如风荷载组合的情况，则联合概率密度函数 $f \ (g', \ q')$ 很容易通过乘法计算。而在其他情况下，水平荷载与竖向荷载可能相关，如地震情况，此时联合概率密度函数需要按以下方法考虑。

首先，让 x_1 和 x_2 分别表示 g' 和 q'。然后，假设 $y = [y_1, \ y_2]$ 是对应于荷载向量 $x = [x_1, \ x_2]$ 的标准正态分布向量，y 和 x 之间的关系可以表示为

$$\Phi\ (y_i)\ =F\ (x_i),\ i=1,\ 2 \tag{2.10}$$

式中：$\Phi\ (\cdot)$ 为标准正态分布函数，$F\ (x_i)$ 为荷载 g' 和 q' 的概率累积分布函数。

基于文献[1]中介绍的 Nataf 变换，荷载的联合概率密度函数可写成

$$f\ (x_1,\ x_2)\ =\frac{f\ (x_1)\ f\ (x_2)}{\varphi\ (y_1)\ \varphi\ (y_2)}\varphi\ (y_1,\ y_2,\ \rho_0) \tag{2.11}$$

式中：$\varphi\ (\cdot)$ 为标准正态概率密度函数，$f\ (x_i)$ 为荷载概率密度函数，$\varphi\ (y_1,\ y_2,\ \rho_0)$ 由下式给出

$$\varphi\ (y_1,\ y_2,\ \rho_0)\ =\frac{1}{2\pi\ \sqrt{1-\rho_0^2}}\exp\ \left[-\frac{y_1^2-2\rho_0 y_1 y_2+y_2^2}{2\ (1-\rho_0^2)}\right] \tag{2.12}$$

式中：ρ_0 为 y_1 和 y_2 之间的相关系数。设 ρ 表示 x_1 和 x_2 之间的相关系数。因此，ρ_0 与 ρ 的比值 r_p 可以计算为

$$r_p=\rho_0/\rho \tag{2.13}$$

对于不同分布类型的 x_1 和 x_2，该比值可查询文献[1]得到。

对于实际情况，$f\ (x_1)$、$f\ (x_2)$ 和 ρ 最初一般是已知的，因此可以根据式（2.12）、式（2.13）获得联合概率密度函数［式（2.11）］，进而依据式（2.9）推导得出累积分布函数 $F_e\ (x)$。

2.1.2　中美规范典型情形下偏心距的概率分布

1. 两国规范一般情形下偏心距设计值的保证概率

对于地震情况，设计基底剪力 V 可以表示为 $V=AW$，其中 A 为加速度系数，W 为竖向荷载。Hwang 和 Hsu[2]研究表明对数正态分布可较好地拟合响应数据，且结构响应的变异系数约为 0.56。通常，在给定设计烈度的地震作用下，基底剪力的概率分布被认为是条件分布。此时，一些影响因素被消除，其变异系数可能会降低。为此，高小旺等[3]分析发现极值 I 型分布可较好地拟合基底剪力数据，其变异系数约为 0.3。因此，可认为文献[3]中的基底剪力统计模型较合理，并在后面章节分析中使用。相比之下，W 的变异系数通常约为 0.1，假设恒荷载为正态变量，且在竖向总荷载中占主要地位。

对于风荷载，通常假设为极值 I 型分布。Mirza[4]针对美国规范情形建议其平均值与名义值之比约为 0.875，变异系数约 0.177。对于我国《建筑结构可靠性设计统一标准》[5]，风荷载对应的数值分别为 0.999 和 0.195。因此，文中平均值与名义值之比按两处文献数据的平均值考虑，而变异系数则按两处文献数据的较大值考虑，即平均值/标准值=0.95，变异系数=0.20。表 2.1 给出了地震和风荷载情况下的所有荷载信息。

表 2.1　荷载变量概率模型

实例	变量	分布类型	平均值/标准值	变异系数
五种情况	g	正态分布	1.05	0.10
S-1，S-2	q	极值 I 型	1.06	0.30
W-1，W-2，W-3	q	极值 I 型	0.95	0.20

注：S-1 表示第一种地震作用情况，W-1 表示第一种风荷载作用情况，其余同理，见表 2.2。

此外，偏心距还受式（2.6）中 ρ_M、ρ_N、γ_g 和 γ_q 的影响。对于荷载分项系数，其值根据文献[5-7]确定。而对于荷载效应比，蒋友宝等[8]通过对一些典型钢筋混凝土框架的内力分析，发现 ρ_M 比 ρ_N 大几倍。Mirza[4]提出大多数支承楼板和屋顶的柱子的 $\rho_N = 0.12$。因此，此处使用 $\rho_N = 0.2$ 和 $\rho_N = 0.05$，ρ_M 的值假定为 1.0 和 3.0。

W 和 V 之间的相关系数 ρ_1 可由下式给出

$$\rho_1 = \frac{\text{COV}(V, W)}{\sigma_V \sigma_W} = \frac{E(AW^2) - E(AW)E(W)}{\sigma_V \sigma_W} \tag{2.14}$$

式中：σ_V 和 σ_W 分别表示为 V 和 W 的标准差；COV（·）为协方差函数；E（·）为期望函数。在 A 独立于 W 的条件下，ρ_1 可以简化并通过一些分析技术计算为 $\rho_1 = \delta_W / \delta_V$，其中 δ_V 和 δ_W 分别为 V 和 W 的变异系数。在这种情况下，如果 δ_V 的值在 $0.3 \sim 0.43$ 之间（由 Hwang 等[2]以及高小旺等[3]提出），相关系数 ρ 的值可能在 $0.23 \sim 0.33$ 之间。实际上 A 与 W 是相关的，有时 A 和 W 之间甚至可能存在负相关关系。例如，结构周期随着 W 的增加而增加，当结构周期在反应谱曲线的下降部分时，这可能导致 A 的减少。因此，很难准确量化 ρ。此处采用从 $0.23 \sim 0.33$ 的范围来举例说明该方法的应用。

表 2.2 给出了偏心距分析所需的信息，使用这些参数值和上文中的方法，可以计算偏心距的概率分布。对于这五种情况，偏心距位于 $[-\infty, 0.5e_d]$ 区间的概率小于 10^{-4}；当偏心距位于 $[2.0e_d, +\infty]$ 范围内时，对于地震作用情况其概率小于 2×10^{-4}，对于风荷载作用情况其概率小于 10^{-5}。这表明区间 $[0.5e_d, 2.0e_d]$ 对总概率的贡献大于 99.9%，如图 2.3 所示。

表 2.2　偏心距分析所需的信息

变量	S-1	S-2	W-1	W-2	W-3
ρ_M	1.0	3.0	1.0	1.0	3.0
ρ_N	0.2	0.05	0.2	0.2	0.05
ρ	0.23	0.33	0	0	0
γ_g	1.2	1.2	1.2	1.2	1.2
γ_q	1.3	1.3	1.4	1.6	1.6
规范	[6]	[6]	[5]	[7]	[7]

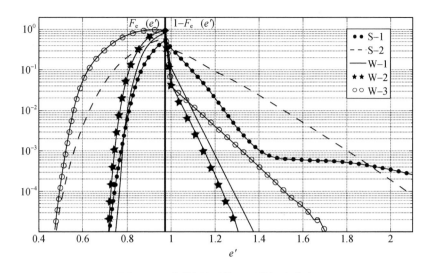

图 2.3 不同情况下偏心距的概率分布

值得注意的是，在图 2.3 中，每条曲线被分成两部分。竖线左侧的一部分描述了累积分布函数 $F_e(e')$。为了更清楚地展示曲线特性，另一侧按函数 $1-F_e(e')$ 进行描述。显然，由于两段曲线分别描述了两种不同的功能，因此，每条曲线并不像传统的累积分布函数那样是一个非递减函数。

2. 中国规范抗震设计情形下偏心距设计值的保证概率

若为抗震荷载组合，按中国荷载规范，竖向重力荷载的代表值 g_c 一般可表示为：

$$g_c = g_{1k} + \psi(g_{2k} + g_{3k}) \tag{2.15}$$

式中：g_1 为楼面恒荷载；g_2 为楼面持久性活荷载；g_3 为楼面临时性活荷载；ψ 为组合系数，取值为 0.5；下标 k 表示为标准值。

对于水平地震作用 q，其分布模型见表 2.1 中地震作用情况下的荷载变量概率模型所示。

对于楼面恒荷载 g_1，一般假定服从正态分布，统计参数为 $\mu_{g1}=1.06g_{1k}$，$\sigma_{g1}=0.074g_{1k}$；而对于楼面活荷载一般假定服从极值 I 型分布，其任意时点统计参数如表 2.3 所示。表中 κ 为平均值与标准值之比值，δ 为变异系数。

表 2.3 办公楼与住宅楼面活荷载的统计参数

统计参数	办公楼持久性活载	办公楼临时性活载	住宅持久性活载	住宅临时性活载	来源
κ	0.257	0.237	0.336	0.312	[9]
δ	0.461	0.686	0.321	0.539	[9]

由于重力荷载中恒荷载占主要部分，因此为方便计算，可近似假定其服从正态分布。这样一来，若设定恒载标准值和活载标准值之间不同的比值，则可求得正态分布的重力荷载统计参数，见表 2.4。可见：当 ρ_g 在 1.5～2.0 范围内变化

时，重力荷载的统计参数变化不大，可统一取为 $\kappa=1.08$，$\delta=0.10$。

表 2.4　重力荷载的统计参数

ρ_g	g_c	均值	κ	δ
3 : 2	$1.33g_{1k}$	$1.44g_{1k}$	1.08	0.11
2 : 1	$1.25g_{1k}$	$1.35g_{1k}$	1.08	0.09

注：ρ_g＝恒载标准值/活载标准值。

文献[10]给出的重力荷载统计模型（正态分布）中 $\kappa=0.75$，$\delta=0.10$。可见本文模型中的变异系数与此相同，而 κ 要高出较多。原因主要在于文献[10]对表 2.4 中的 κ 是按各自部分（临时性或持久性活载）标准值来考虑的，因而使得重力荷载的 κ 偏低一些。

在进行 RC 框架柱的抗震设计时，荷载分项系数为 $\gamma_g=1.2$，$\gamma_q=1.3$[6]，因此弯矩和轴力设计值为：

$$M_d=1.2a_1g_c+1.3b_1q_k \tag{2.16a}$$

$$N_d=1.2a_2g_c+1.3b_2q_k \tag{2.16b}$$

对应的偏心距设计值为：

$$e_d=\frac{M_d}{N_d}=\frac{a_1}{a_2}\frac{(1.2+1.3\rho_M)}{(1.2+1.3\rho_N)} \tag{2.17}$$

而偏心距设计值对应的保证概率 p_e 可计算如下：

$$p_e=P\ (e<e_d) \tag{2.18}$$

在实际框架结构中柱截面上的轴压力主要由重力荷载产生，因而 ρ_N 一般较小；而弯矩主要由水平地震作用产生，因而 ρ_M 一般较大。例如对于图 2.4 所示的 RC 框架结构，柱截面尺寸（长×宽）为 $400mm\times400mm$，若忽略二阶效应，则在 g 和 q 共同作用下，对于柱 GH 顶端截面，经分析知有 $M=0.75g+1.47q$，$N=5.42g+1.09q$。若水平地震影响系数 $\alpha=0.075$，则按底部剪力法计算可知 $\rho_N=0.10$，$\rho_M=1.0$，两者比值为 10。

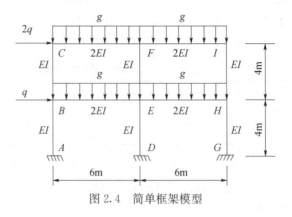

图 2.4　简单框架模型

进一步对多个框架结构进行分析后得知 ρ_M 一般均为 ρ_N 数倍以上，甚至会出现 ρ_M 为 ρ_N 百余倍的情形。设 $\lambda_\rho = \rho_M/\rho_N$，则采用 Monte Carlo 方法可求得多数情形下偏心距设计值的保证概率。它们均约为 0.68，见表 2.5。此处选择偏心距的设计值而非其标准值进行保证概率分析，主要是因为承载力抗震调整系数值与轴压比有关（见文后分析），而抗震设计时轴压比是用考虑地震组合的轴压力设计值来计算的。

表 2.5　不同荷载效应比下偏心距设计值的保证概率

ρ_M	λ_ρ					
	2	4	8	16	32	100
0.5	0.687	0.678	0.678	0.677	0.679	0.680
1.0	0.681	0.679	0.685	0.679	0.680	0.680
2.0	0.681	0.682	0.683	0.685	0.679	0.681
3.0	0.677	0.676	0.682	0.682	0.683	0.683
4.0	0.678	0.683	0.686	0.683	0.681	0.680
5.0	0.683	0.684	0.684	0.687	0.681	0.679

2.1.3　按欧洲规范设计的框架柱偏心距的概率分布

考虑欧洲工程实践中的三种典型钢筋混凝土框架，如图 2.5 所示。它们的结构参数见表 2.6，分布在不同跨度的永久荷载和附加荷载的组合表示为 $G_1 + Q_1$ 和 $G_2 + Q_2$。根据欧洲荷载规范[11]，可以计算这些框架结构的风致内力。柱截面荷载效应的特征值如表 2.7 所示。

表 2.6　典型框架的参数

框架号	柱截面 (mm)	横梁跨度	荷载值			
			尺寸 (mm)	W_k (kN)	G_k (kN·m)	Q_k (kN·m)
框架 1	400×400	AB	300×600	20.93	27.5	21.88
		BC	200×400		8.30	6.25
框架 2	500×500	AB	300×600	20.08	27.05	21.88
		BC	200×400		11.61	9.38
框架 3	500×500	AB/CD	250×600	40.40	23.15	18.75
		BC	250×400		11.96	9.38

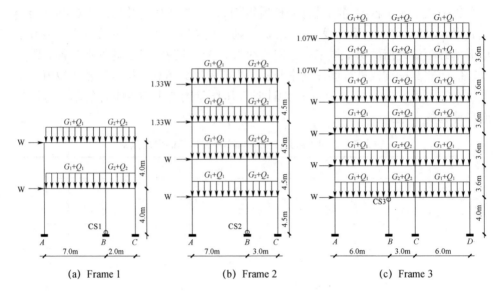

(a) Frame 1   (b) Frame 2   (c) Frame 3

图 2.5 典型框架结构的计算模型

表 2.7 典型钢筋混凝土框架的荷载效应 (M 单位：kN·m；N 单位：kN)

截面号	M_{Wk}	N_{Wk}	M_{Gk}	N_{Gk}	M_{Qk}	N_{Qk}	M_{d}	N_{d}
CS1	−34.92	7.77	−13.78	−179.79	−11.16	−144.51	−84.77	−409.83
CS2	−108.21	−2.87	−15.12	−367.15	−12.23	−296.86	−195.47	−807.23
CS3	111.62	21.52	20.62	−521.89	16.79	−420.06	212.90	−1113.3

注：M_{d} 和 N_{d} 由式（4.34）得到，其中 $\gamma_{\mathrm{G}}=1.35$，$\gamma_{\mathrm{Q}}=1.5$，$\gamma_{\mathrm{w}}=1.5$。

表 2.8 荷载变量的统计

变量	分布类型	均值	COV	来源
G/G_{k}	正态分布	1.0	0.1	[11]
Q/Q_{k}	Gumbel	0.2	1.1	[11]
W/W_{k}	Gumbel	0.7	0.35	[11]

根据式（2.6）可推广至三个荷载变量的情形，具体计算公式见式（4.47），对应的 ρ_{M} 和 ρ_{N} 见式（4.39）、（4.40），荷载变量的随机性质和两个标准化比率参数：ρ_{M} 和 ρ_{N} 对 e' 的随机特性有显著影响。如果荷载变量的随机特性给定，钢筋混凝土柱偏心距概率分布仍可能因 ρ_{M} 和 ρ_{N} 的不同值而有很大差异。因此，合理取值范围的参数分析至关重要。

利用蒙特卡罗模拟，归一化偏心距的概率分布如图 2.6 所示。可以看出，归一化偏心距呈现出明显的随机特性，对于 CS1、CS2 和 CS3 柱其随机值分散在 [0.5，2.0] 的大范围区间内。三种柱的偏心距平均值分别为 0.983、0.900 和 0.927，变异系数分别为 0.253、0.317 和 0.319。对于较高框架中的 CS2 和 CS3

柱，风致弯矩对总弯矩的影响更大（表 2.7），这导致标准化偏心距的变异系数更大。原因在于三个荷载随机变量中，风荷载的变异系数最大。

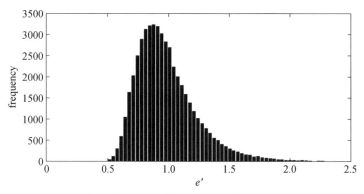

(a) 表示框架CS1的平均值 = 0.983，变异系数 = 0.253

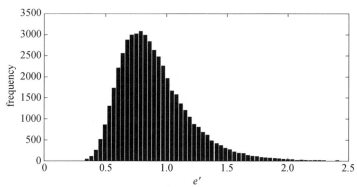

(b) 表示框架CS2的平均值 = 0.900，变异系数 = 0.317

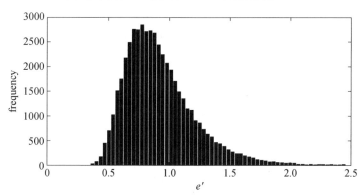

(b) 表示框架CS3的平均值 = 0.927，变异系数 = 0.319

图 2.6 框架结构荷载偏心距的概率分布

2.2 钢筋混凝土柱的抗力概率计算方法

2.2.1 钢筋混凝土偏压构件抗力模型的分析方法

考虑柱截面为对称配筋的情形，依据中国现行《混凝土结构设计规范》[12]，当柱截面在偏心距 e 下达到极限状态时，相应的承载力计算式为

$$M_u = N_u e = f'_y A'_s (h_0 - a'_s) + \alpha_1 f_c b x \left(h_0 - \frac{x}{2}\right) - N\left(\frac{h}{2} - a_s\right) \quad (2.19)$$

$$x = (N - f'_y A'_s + \sigma_s A_s) / (\alpha_1 f_c b) \quad (2.20)$$

式中：f'_y 为钢筋抗压强度；A'_s 为受压钢筋面积；f_c 为混凝土轴心抗压强度；α_1 为等效矩形受压区的应力换算系数（C50 以下取为 1.0）；x 为等效矩形受压区的高度；h 和 h_0 分别为截面的几何高度和有效高度；b 为截面宽度；a'_s 和 a_s 分别为两侧钢筋重心至相应边缘的距离；σ_s 和 A_s 分别为远离轴向压力一侧的钢筋应力和面积。

对于大偏压破坏的情形，远离轴向压力一侧的钢筋受拉能够屈服，即 $\sigma_s = f_y$，这样可求得此时柱截面所能承受的轴向压力值 N_u，其计算式为

$$N_u = \frac{2 f'_y A'_s (h_0 - a'_s)}{\sqrt{(e - 0.5h)^2 + \dfrac{2 f'_y A'_s (h_0 - a'_s)}{\alpha_1 f_c b}} + (e - 0.5h)} \quad (2.21)$$

而对于小偏压破坏的情形，远离轴向压力一侧的钢筋受拉不能屈服，σ_s 可按下式计算

$$\sigma_s = f_y (\xi - \beta_1) / (\xi_b - \beta_1) \quad (2.22)$$

式中：ξ 为相对受压区高度；ξ_b 为相对界限受压区高度，取为 0.55；β_1 为等效矩形应力图形中引入的高度系数，取为 0.8。设此时柱截面所能承受的轴向压力值为 N_u，其计算式为

$$N_u = \frac{2 c_0 f'_y A'_s (h_0 - a'_s)}{\sqrt{c_1^2 - 4 c_0 c_2 f'_y A'_s (h_0 - a'_s)} - c_1} \quad (2.23)$$

式中：c_0、c_1 和 c_2 均为引入的系数，其计算式为

$$c_0 = 1 + \frac{h_0}{(h_0 - a_s)} \left[\frac{\xi_b}{(\beta_2 + \beta_3)} - \frac{\beta_3 \xi_b^2}{2 (\beta_2 + \beta_3)^2} \right] \quad (2.24)$$

$$c_1 = \frac{\beta_2 h_0}{(\beta_2 + \beta_3)} - (e + 0.5h - a_s) - \frac{h_0 \xi_b \beta_2 \beta_3}{(\beta_2 + \beta_3)^2} \quad (2.25)$$

$$c_2 = -\frac{\beta_2^2}{2 \alpha_1 f_c b (\beta_2 + \beta_3)^2} \quad (2.26)$$

式中：$\beta_2 = \beta_1 - \xi_b$，$\beta_3 = (f'_y A'_s) / (\alpha_1 f_c b h_0)$。

2.2.2 基于全概率理论的钢筋混凝土柱抗力概率计算方法

N_u 和 M_u 分别代表钢筋混凝土柱的轴向和弯矩承载能力，对于给定的柱，无论是采用普通强度混凝土还是高强度混凝土，N_u 和 M_u 之间的相互作用图相似。对于该相互作用图的任意点（N_u，M_u），它给出了偏心距等于 M_u/N_u 时的压弯承载能力。在工程实践中，通常选择轴向承载力或抗弯承载力来表示抗力。在这种情况下，若采用轴向承载力表示抗力，则功能函数可以表示为

$$Z=(R-N)\,|\,e=M_u/N_u \tag{2.27}$$

如果 e 不是随机变量，则可以忽略式（2.27）中的条件公式 $e=M_u/N_u$。在这种情况下，功能函数将退化成一个简单的线性函数，从而可以方便地运用 FORM 进行可靠度分析。否则，式（2.27）中的条件公式不能忽略，功能函数将是一个复杂的函数。

当 e 是一个随机变量时，它的概率分布可以通过以步长 τ 划分为 n 个区间的概率描述。这样，连续的随机变量 e 可以转化为离散的随机变量，它的离散值从每个区间的中点开始。如图 2.7 所示，设 e_i 为第 i 个中间点，则离散概率可计算为

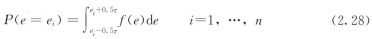

$$P(e=e_i)=\int_{e_i-0.5\tau}^{e_i+0.5\tau} f(e)\mathrm{d}e \qquad i=1,\,\cdots,\,n \tag{2.28}$$

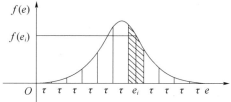

图 2.7　e 的离散概率分布

式中：$f(e)$ 表示偏心距的概率密度函数。因此，柱抗力 R 的概率分布 P_R 可以通过全概率定理来计算，该定理由下式给出

$$P_R(R<R_0)=\sum_{i=1}^{n} P(R<R_0\,|\,e=e_i)P(e=e_i) \tag{2.29}$$

式中：$P(R<R_0\,|\,e=e_i)$ 表示给定偏心值 e_i 的抗力概率分布。

显然，如果偏心距的全概率分布已知，则式（2.29）中给定值下偏心距的概率 $P(e=e_i)$ 容易求得，进而求得抗力的概率分布。

如前所述，钢筋混凝土柱的抗力与其偏心距相关。因此，不同的偏心距可能导致抗力概率分布的较大差异。为了量化这种差异，首先研究其概率分布的求解步骤。设计钢筋混凝土柱时，其设计抗力按设计材料强度、设计截面尺寸和设计偏心距计算，可表示为 $N_u(f_{cd},\,f'_{yd},\,e_d,\,b_d,\,\cdots)$。如果式（2.19）、式（2.20）中采用给定的偏心距、材料强度和截面尺寸的一些可能值，并且还考虑了抗力计算模式的不确定性，抗力表示为 $\Omega N_u(f_c,\,f'_y,\,e,\,b,\,\cdots)$。因此，

归一化系数 φ_n 定义为

$$\varphi_n = \frac{\Omega N_u (f_c,\ f'_y,\ e,\ b,\ \cdots)}{N_u (f_{cd},\ f'_{yd},\ e_d,\ b_d,\ \cdots)} \qquad (2.30)$$

由此，可以用 φ_n 的概率分布来表示抗力的概率分布。

假设图 2.1 所示框架中某柱截面的内力可以表示为

$$M = 0.90g + 1.80q \qquad (2.31a)$$
$$N = 6.50g + 1.31q \qquad (2.31b)$$

式中：竖向荷载 g 和水平荷载 q 标准值分别取 73.8kN/m 和 36.7kN。然后将荷载效应比取为 $\rho_N = 0.10$ 和 $\rho_M = 1.0$。截面配筋 $A_s = A'_s = 942mm^2$，材料强度和荷载分布分别见表 2.9 和表 2.10。

表 2.9　各抗力因素的统计参数

变量名称	分布类型	κ	δ
C30 混凝土强度	正态	1.41	0.19
HRB335 钢筋强度	正态	1.14	0.07
计算模式不定性	正态	1.00	0.05
截面几何参数不确定性	正态	1.00	0.05

表 2.10　荷载的统计参数

荷载名称	分布类型	均值/标准值	变异系数	文献
g	正态	1.08	0.10	[8]
q	极值 I 型	1.06	0.30	[3]

在本例中，假设水平荷载为地震作用。根据中国《建筑结构抗震设计规范》[6] 取 $\gamma_g = 1.2$，$\gamma_q = 1.3$，这些设计参数可以计算出 $e_d = 0.65h$。此外，还推导出了偏心距的概率分布如图 2.8 所示，其设计值的累积概率约为 0.69。

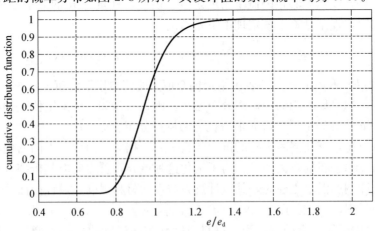

图 2.8　偏心距的概率分布

取间隔 τ 的步长分别为 $0.1e_d$ 和 $0.05e_d$。然后，设 κ_φ 和 δ_φ 表示 φ_n 的平均值和变异系数，基于 Monte Carlo 方法抽样，可求得计算结果见表 2.11 和表 2.12。其中 $F_e(e_i)$ 为偏心距 e 的概率分布函数。

这表明，如果间隔 τ 的步长采用值小（$0.05e_d$），则计算的柱抗力概率分布较为精确。因此，如果可以的话，τ 取值越小越好。

表 2.11　$\tau=0.1e_d$ 情况下的偏心距及其相关值

e_i	$F_e(e_i)$	κ_φ	δ_φ
$0.9e_d$	0.374	1.697	0.114
$1.0e_d$	0.288	1.458	0.107
$1.1e_d$	0.126	1.262	0.102
$1.2e_d$	0.0423	1.102	0.101
$1.3e_d$	0.0124	0.972	0.098
$1.4e_d$	0.0033	0.867	0.098
$1.5e_d$	0.00083	0.778	0.097
$1.6e_d$	0.00019	0.705	0.096

注：此计算是基于失效概率有重要意义的区域计算，下同。

表 2.12　$\tau=0.05e_d$ 情况下的偏心距及其相关值

e_i	$F_e(e_i)$	κ_φ	δ_φ
$0.975e_d$	0.16727	1.508	0.108
$1.025e_d$	0.12099	1.400	0.105
$1.075e_d$	0.07853	1.303	0.104
$1.125e_d$	0.04743	1.217	0.102
$1.175e_d$	0.02725	1.139	0.101
$1.225e_d$	0.0151	1.069	0.100
$1.275e_d$	0.00815	1.005	0.099
$1.325e_d$	0.00429	0.947	0.098
$1.375e_d$	0.00221	0.894	0.098
$1.425e_d$	0.00113	0.845	0.097
$1.475e_d$	0.00056	0.800	0.097
$1.525e_d$	0.00028	0.758	0.097
$1.575e_d$	0.00013	0.719	0.096

2.2.3　基于 Monte Carlo 的钢筋混凝土柱抗力概率计算方法

由式（2.21）、式（2.23）可知混凝土柱的抗力是混凝土强度、钢筋强度和截面几何参数的复杂函数，再考虑计算模式不确定性后此函数式将更为复杂，因此应用解析方法来推导其统计参数较为困难，为此采用 Monte Carlo 方法，对于前文已定义的归一化的抗力变量 φ_n 进行分析，其计算式见式（2.30）。Mirza

等[4]也采用相同的思路对美国 ACI 规范中 RC 偏压构件的抗力概率模型进行了分析。可见，这种获得抗力概率的分析方法具有较好的适用性和精度。

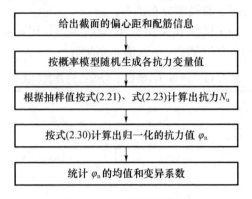

图 2.9　抗力抽样计算流程

对于几个典型的钢筋混凝土柱，抽样模拟 20000 次结果表明，用公式（2.21）、式（2.23）计算抗力，使用正态分布拟合概率分布是准确的。典型情况如图 2.10 所示。为此，在下面的分析中假设 φ_n 是一个正态变量。

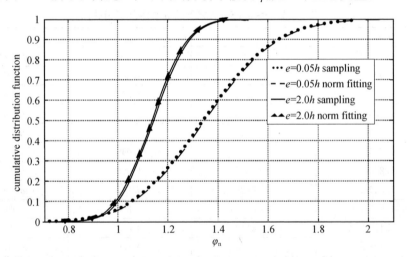

图 2.10　φ_n 的概率分布

基于 2.1.3 节欧洲规范下框架模型，取不同 ρ_M、ρ_N 和 ρ_s（配筋率）的 24 种情况，见表 2.13。

如果 ρ_M、ρ_N 和 ρ_s 等柱参数和荷载变量的随机特性已给定，RC 柱的抗力仍然可能随着 ρ_M、ρ_N 和 ρ_s 及轴压比的不同而发生明显变化[13]。根据图 2.5 和表 2.13 以及实践中的设计要求规定的参数常用取值范围，最终计算得到考虑偏心距随机特性的抗力参数的均值和变异系数等如图 2.11 所示。

表 2.13 24 种情况下的参数取值

No.	ρ_M	ρ_s	ρ_N	No.	ρ_M	ρ_s	ρ_N
1	1.0	1%	−0.15	13	2.5	2%	−0.15
2	1.0	1%	−0.05	14	2.5	2%	−0.05
3	1.0	1%	0.05	15	2.5	2%	0.05
4	1.0	1%	0.15	16	2.5	2%	0.15
5	1.0	2%	−0.15	17	4.0	1%	−0.15
6	1.0	2%	−0.05	18	4.0	1%	−0.05
7	1.0	2%	0.05	19	4.0	1%	0.05
8	1.0	2%	0.15	20	4.0	1%	0.15
9	2.5	1%	−0.15	21	4.0	2%	−0.15
10	2.5	1%	−0.05	22	4.0	2%	−0.05
11	2.5	1%	0.05	23	4.0	2%	0.05
12	2.5	1%	0.15	24	4.0	2%	0.15

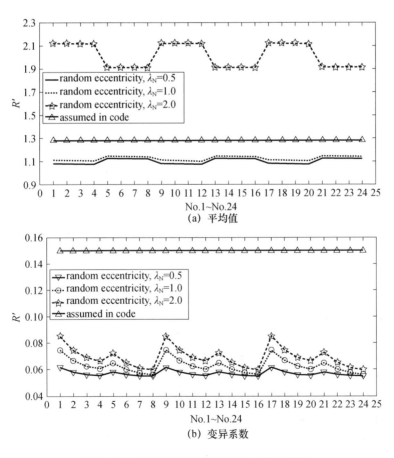

(a) 平均值

(b) 变异系数

图 2.11 随机偏心距情况下的抗力统计参数

2.3 抗力概率模型的参数分析

2.3.1 现行中国规范抗力概率模型的说明

现行标准 GB 50068—2018《建筑结构可靠性设计统一标准》[5] 中偏压构件抗力模型的统计参数见表 2.14，其中 κ 表示平均值与标准值之比值，δ 为变异系数。由于轴心受压构件与受弯构件可视为偏压构件中偏心距 $e=0$ 和 $e=\infty$ 的特例，因此表 2.14 同时列出了这两类构件抗力的统计参数。

表 2.14　各构件的抗力统计参数

构件名称	κ	δ
轴心受压短柱	1.33	0.17
小偏心受压短柱	1.30	0.15
大偏心受压短柱	1.16	0.13
受弯构件	1.13	0.10

从表 2.14 可知，小偏压构件抗力模型中 κ 与 δ 值均较大；而大偏压构件抗力模型中 κ 与 δ 值均较小；且表 2.14 中不同偏心受力情形下 κ 与 δ 值的变化程度较大，例如当 $e=0$ 变化至 $e=\infty$ 时，κ 值下降了 15%，δ 值下降了 41%。这说明现行标准中偏压构件抗力统计参数较为粗糙，没有给出不同偏心距值下的抗力统计参数，因此需加以完善[14]。

2.3.2 偏心距和配筋率的影响分析

由式（2.19）、式（2.20）可求得 RC 偏压柱界限破坏状态时，对应的偏心距值 e_b 为

$$e_b = \frac{f'_y A'_s \ (h_0 - a'_s)}{\alpha_1 f_c b \xi_b h_0} + h_0 \ (1 - 0.5\xi_b) \ - \ (0.5h - a_s) \tag{2.32}$$

当截面对称配筋时有 $\rho_s = A'_s / bh_0$。近似假定 $h_0 = 0.9h$ 和 $a'_s = 0.1h$，则当 ρ_s 在 0.5%～2.0% 内取值时，可求得 e_b 的取值范围为 $0.37h$ 至 $0.74h$（钢筋和混凝土强度分别按 HRB335 和 C30 的标准强度值考虑）。

在各种抗力因素的统计参数给定时，由式（2.21）、式（2.23）可知偏压构件抗力模型中的 κ 与 δ 值还与偏心距 e、配筋率 ρ_s 有关。考虑偏心距在 $0.05h \sim 5h$ 范围内变化，配筋率在 0.5%～2.0% 范围内变化，此时不同偏心距与配筋率下偏压柱抗力模型中的 κ 与 δ 值分别如图 2.12、图 2.13 所示。

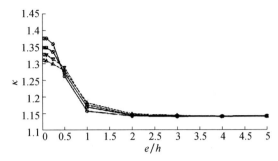

注：-○- 配筋率0.5%　-□- 配筋率1.0%　-▽- 配筋率1.5%　-△- 配筋率2.0%

图 2.12　κ 值随偏心距与配筋率的变化曲线

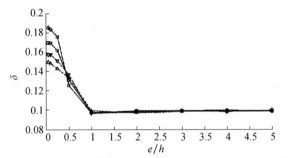

注：-○- 配筋率0.5%　-□- 配筋率1.0%　-▽- 配筋率1.5%　-△- 配筋率2.0%

图 2.13　δ 值随偏心距与配筋率的变化曲线

　　计算表明，当偏心距较小（$e \leqslant 0.25h$）时，随配筋率的增大，κ 与 δ 值均减小。当 $e = 0.05h$ 时，不同配筋率下 κ 值的变化范围为 1.31～1.38，δ 值的变化范围为 0.15～0.185，这些数值与表 2.14 中轴心受压构件的抗力统计参数较为接近。而当偏心距较大（$e \geqslant 0.5h$）时，配筋率的变化对 κ 与 δ 值的影响开始减小，尤其是当 $e \geqslant 2.0h$ 时，κ 值已较为稳定，约为 1.14；δ 值亦较为稳定，约为 0.10，这些数值与表 2.14 中受弯构件的抗力统计参数非常接近。这说明采用 Monte Carlo 方法计算得到的抗力统计参数在偏压构件接近轴心受压或受弯状态时与现行标准给出的抗力统计参数是一致的，同时也说明计算方法具有较好的精度。

2.3.3　抗力的概率分布模型

　　结构可靠度分析时，抗力一般假定服从正态或对数正态分布。当 ρ_s 为 1.0% 时，典型情形下的抗力概率分布如图 2.14 所示。

　　从图 2.14 中可看出，对于大偏压构件，正态或对数正态分布均具有较好的拟合精度；但对于小偏压构件，正态分布的拟合精度要优于对数正态分布的拟合精度。当配筋率和偏心距值取其他参数时，仍有此结论。

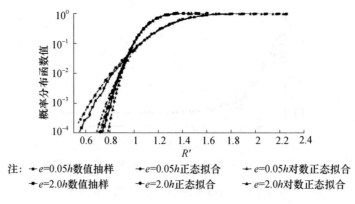

注：-■- e=0.05h数值抽样　　-■- e=0.05h正态拟合　　-★- e=0.05h对数正态拟合
　　-●- e=2.0h数值抽样　　-◆- e=2.0h正态拟合　　-▲- e=2.0h对数正态拟合

图 2.14　不同抗力概率分布模型的对比

　　因此综合考虑，可认为 RC 偏压构件的抗力服从正态分布。对多种情形下的抗力统计参数进行数值分析可知，不同偏心距和配筋率下 κ 与 δ 值均可用式（2.33)所示的函数模型来拟合。

$$y\,(e/h) = \frac{p_1\,(e/h)^2 + p_2\,(e/h) + p_3}{(e/h)^2 + p_4\,(e/h) + p_5} \tag{2.33}$$

式中：p_1、p_2、p_3、p_4 和 p_5 是与配筋率有关的拟合参数。其中 p_1 表示 e/h 为 ∞（受弯）时的 κ 或 δ 值，p_3/p_5 表示 e/h 为 0（轴心受压）时的 κ 或 δ 值，其余拟合参数为反映 κ 或 δ 随 e/h 变化曲线特征的参数。当偏心距在 $0.05h\sim2.0h$ 内取值时，不同配筋率下的拟合参数值见表 2.15、表 2.16。

表 2.15　不同配筋率下与 κ 值有关的拟合参数值

ρ_s	p_1	p_2	p_3	p_4	p_5
0.005	1.172	−0.771	0.444	−0.592	0.324
0.010	1.175	−0.897	0.638	−0.689	0.475
0.015	1.191	−1.285	0.936	−0.990	0.708
0.020	1.203	−1.579	1.297	−1.211	0.991

表 2.16　不同配筋率下与 δ 值有关的拟合参数值

ρ_s	p_1	p_2	p_3	p_4	p_5
0.005	0.112	−0.096	0.043	−0.613	0.239
0.010	0.118	−0.133	0.073	−0.812	0.437
0.015	0.117	−0.155	0.094	−1.008	0.600
0.020	0.122	−0.200	0.147	−1.285	0.988

　　依据表 2.15、表 2.16 中拟合参数计算得到统计参数值与直接采用 Monte Carlo 方法得到的数值非常接近，最大误差不超过 4%。当配筋率取其他中间值

时，抗力模型的 κ 和 δ 值可近似由表 2.15、表 2.16 插值得到。而当偏心距 $e \geqslant 2.0h$ 时，由 2.3.2 节知，κ 值可直接取为 1.14，δ 值可取为 0.10。

2.3.4　随机偏心距下的适用性分析

实际设计时为简化计算，一般仅用偏心距设计值 e_d 下的抗力统计参数来衡量，并不用其他随机偏心距值所对应的抗力统计参数。这与随机偏心距下的实际设计情形有一定出入。为此引入一换算系数 λ，其计算式为

$$\lambda = \frac{N_u(e, f_c, f'_y, b, \cdots)}{N_u(e_d, f_c, f'_y, b, \cdots)} \tag{2.34}$$

式（2.34）中 e 的取值范围暂考虑为 $0.75e_d \sim 1.75e_d$，因为在此范围内偏心距随机取值对可靠度有较大影响，其余情形时 e 取值范围可适当变化。当各抗力变量随机变化时，λ 值也会随机波动。由于抗力函数较为复杂，此处仍采用 Monte Carlo 方法来获得 λ 的统计特性。

计算表明，当配筋率在 $0.5\% \sim 2.0\%$ 内变化时，e_d 在 $0.05h \sim 4.0h$ 内变化时，λ 的变异系数值较小，多数情形下不超过 0.04，因此为简化分析，可将 λ 按一确定的变量考虑，用其均值来代表。而在同样的参数变化范围内，λ 均值变化较大，例如当配筋率为 1.0% 时，λ 均值如表 2.17 所示，其他配筋率下 λ 均值与此相似。

表 2.17　配筋率为 1.0% 时 λ 的均值

e	e_d						
	$0.05h$	$0.1h$	$0.25h$	$0.5h$	$1.0h$	$2.0h$	$4.0h$
$0.75e_d$	1.03	1.09	1.14	1.28	1.54	1.46	1.39
$1.00e_d$	1.00	1.00	1.00	1.00	1.00	1.00	1.00
$1.25e_d$	0.97	0.92	0.88	0.76	0.72	0.76	0.78
$1.50e_d$	0.95	0.85	0.78	0.59	0.56	0.61	0.64
$1.75e_d$	0.92	0.79	0.70	0.47	0.45	0.51	0.54

当偏心距存在随机变异性时，可将偏心距的概率分布曲线离散成 n 个区段，设 τ 为离散步长，取每个区段的中点值 e_i 作为该区段偏心距的代表值，因此由全概率计算公式可求得柱失效概率为

$$P_f = \sum_{i=1}^{n} P(R < N | e = e_d) P(-0.5\tau < e - e_i < 0.5\tau) \tag{2.35}$$

式中右边第一项表示给定偏心距值 e_i 时的条件失效概率；第二项表示偏心距在 $[e_i - 0.5\tau, e_i + 0.5\tau]$ 内的分布概率。将 λ 代入式（2.35）中右边第一项，可得到对应的极限状态方程

$$[\lambda(e_i) N_u(e_d, f_c, f'_y, b, \cdots) - N | e = e_i] = 0 \tag{2.36}$$

式中：N_u（e_d，f_c，f'_y，b，$\cdots$）的概率模型参见 2.3.3 节；而 $N|e=e_i$ 概率模型的求解，可参照 2.2 节中全概率定理给出的方法确定。这样当各概率模型已知时，便可采用较为成熟的 JC 算法来计算其失效概率。

从表 2.17 中可知，若偏心距设计值较大（$e_d \geqslant 0.5h$）时，则偏心距取某一大于偏心距设计值的随机值时，λ 值会小于 1.0 较多，这显然会增大式（2.36）失效的可能。这表明当偏心距设计值较大时，对失效概率贡献较大的是偏心距取值大于偏心距设计值的情形。而现行设计方法在校核偏压构件可靠度时是按固定偏心距思路来确定抗力代表值，进而选定其抗力概率模型。显然这种思路对抗力随偏心距值增大而减小的效应考虑不够充分，因此偏于不安全。

另外当偏心距设计值取为界限偏心距附近的数值时，将会导致设计为小偏压状态，却出现大偏压失效占较大可能的情形。此时由于现行标准中大小偏压状态对应的抗力统计参数有较大的差异，因而按现行标准中相应的抗力统计参数来计算可靠度将会有较大的误差。

而本文建议的抗力概率模型由于考虑了随偏心距的变化，因而能更好地适用于随机偏心距的情形。此外该抗力概率模型还考虑了随配筋率的变化，因而其适用性较现行标准中的抗力概率模型会更好一些。

参考文献

［1］Ditlevsen Ove, Madsen Henrik O. Structural reliability methods ［M］. New York：Wiley，2004.

［2］Hwang Howard，Hsu Hui Mi. Seismic LRFD criteria for RC moment-resisting frame buildings ［J］. Journal of Structural Engineering 1993，119（6）：1807-1824.

［3］高小旺，鲍蔼斌. 地震作用的概率模型及其统计参数 ［J］. 地震工程与工程振动，1985，5（1）：13-22.

［4］Mirza S. Ali. Reliability-based design of reinforced concrete columns ［J］. Structural Safety，1996，18（2/3）：179-194.

［5］中华人民共和国住房和城乡建设部. 建筑结构可靠性设计统一标准（2018 年版）：GB 50068—2018 ［S］. 北京：中国建筑工业出版社，2018.

［6］中华人民共和国住房和城乡建设部. 建筑结构抗震设计规范（2016 年版）：GB 50011—2010 ［S］. 北京：中国建筑工业出版社，2010.

［7］ASCE/SEI 7-05. Minimum design loads for buildings and other structures，2005.

［8］蒋友宝，杨毅，杨伟军. 基于弯矩和轴力随机相关特性的 RC 偏压构件可靠度分析 ［J］. 建筑结构学报，2011；32（8）：106-112.

［9］张新培. 建筑结构可靠度分析与设计 ［M］. 北京：科学出版社，2001.

［10］欧进萍，段宇博，刘会仪. 结构随机地震作用及其统计参数 ［J］. 哈尔滨建筑工程学院学报，1994，27（5）：1-10.

［11］Actions on structures-part 1.4：general actions-wind action. Eurocode 1：2005（2005）.

[12] 中华人民共和国住房和城乡建设部. 混凝土结构设计规范（2015 年版）：GB 50010—2010 [S]. 北京：中国建筑工业出版社，2018.

[13] Jiang You Bao，Peng Sui Xiang，Beer Michael，et al. Reliability evaluation of reinforced concrete columns designed by Eurocode for wind-dominated combination considering random loads eccentricity [J]. Advance in Structural Engineering，2019：1-14.

[14] 蒋友宝，廖强，冯鹏. RC 偏压构件精细抗力概率模型 [J]. 土木建筑与环境工程，2014，36（4）：15-21.

3 考虑随机偏心距的钢筋混凝土柱可靠度变化规律

3.1 随机偏心距下钢筋混凝土柱可靠度模型

若选用抗弯承载力来表示抗力，则钢筋混凝土柱的承载功能函数可表示为

$$Z = M_u - M \tag{3.1a}$$

式中：M_u 由式（2.19）得；M 取值根据以下分析得出。它们依赖于所有随机变量，因此，具有随机偏心距的钢筋混凝土柱的承载功能函数表达式较为复杂。例如，对于矩形截面混凝土大偏压柱，更实际的极限状态函数可以表示为

$$Z = (N - f'_y A'_s + f_y A_s) \left(\frac{h}{2} - \frac{N - f'_y A'_s + f_y A_s}{2\alpha_1 f_c b} \right) +$$

$$f'_y A'_s \left(\frac{h}{2} - a'_s \right) + f_y A_s \left(\frac{h}{2} - a_s \right) - M = 0 \tag{3.1b}$$

若荷载效应的表达式已知，则可先根据统计模型对荷载进行抽样，然后由荷载抽样值计算出对应的荷载效应抽样值 S_g（含 g 产生的 N 和 M）、S_q（含 q 产生的 N 和 M），再组合得到总的 N 和 M。

若荷载效应的表达式未知，已知的是构件的内力设计值（M_d、N_d）及荷载效应比值 ρ_M、ρ_N，则可以根据式（2.2）和式（2.4）由设计值反算出荷载效应 S_g、S_q 的统计参数，然后对 S_g、S_q 抽样。

本文针对上述两种情形，分别在 Matlab 中编制了相应程序，计算过程如流程图 3.1 所示。

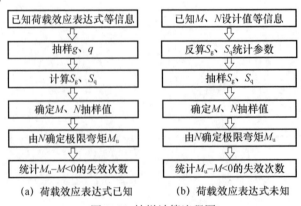

(a) 荷载效应表达式已知　　　(b) 荷载效应表达式未知

图 3.1　抽样计算流程图

对于抽样得到的样本点，如图 3.2 中的 3 点，贡金鑫等[1]通过寻找出与 3 点有等偏心距的失效方程上的 2 点，然后根据 2 点与 3 点的相对关系来判定样本点失效或可靠的状态。此处，采用如图 3.2 中的抽样方法。

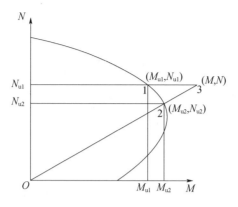

图 3.2　采用的抽样策略

首先将抽样得到的 N 作为极限轴力，再求对应的极限弯矩，这时极限失效点为图 3.2 中的 1 点。这种方法避免了解二次联立方程组，因而计算量较小，可以用来计算偏心受压构件的可靠度。

3.2　典型框架结构中钢筋混凝土柱可靠度变化规律

3.2.1　钢筋混凝土柱弯矩和轴力随机相关特性分析

由 2.1.1 节可知典型情形下弯矩与轴力计算式如式（2.1）所示，设 σ_{g}、σ_{q} 分别为对应荷载的标准差。暂假定 g、q 相互独立，则由概率论知识可得到 M 与 N 的相关系数 ρ 计算式为

$$\rho=\frac{a_1 a_2 \sigma_{\mathrm{g}}^2 + b_1 b_2 \sigma_{\mathrm{q}}^2}{\sqrt{a_1^2 a_2^2 \sigma_{\mathrm{g}}^4 + \left(a_1^2 b_2^2 + b_1^2 a_2^2\right)\sigma_{\mathrm{g}}^2 \sigma_{\mathrm{q}}^2 + b_1^2 b_2^2 \sigma_{\mathrm{q}}^4}} \tag{3.2}$$

对于不同的设计实例，水平荷载与竖向荷载代表值的组合比例会不同。如前所述，一般引入荷载效应比值 ρ_{M} 和 ρ_{N} 来考虑这种差异，其表达式如式（2.2）所示。根据荷载统计模型

$$\sigma_{\mathrm{g}} = c_1 g_{\mathrm{c}} \tag{3.3a}$$

$$\sigma_{\mathrm{q}} = c_2 q_{\mathrm{k}} \tag{3.3b}$$

式中：c_1 表示竖向荷载的标准差与代表值的比值，c_2 表示水平荷载的标准差与标准值的比值。令 $c = c_2/c_1$，可将式（3.2）简化为：

$$\rho=\frac{1 + c^2 \rho_{\mathrm{M}} \rho_{\mathrm{N}}}{\sqrt{1 + \left(\rho_{\mathrm{M}}^2 + \rho_{\mathrm{N}}^2\right) c^2 + c^4 \rho_{\mathrm{M}}^2 \rho_{\mathrm{N}}^2}} \tag{3.4}$$

当荷载类别确定时，c 为一常数。当竖向荷载与水平荷载联合作用时，竖向荷载值按第 2 章中式（2.15）考虑，水平荷载按风荷载或地震作用考虑。

例如竖向荷载模型按表 3.1 中第四行数值考虑，即 $c_1 = 0.09$，水平荷载按风荷载所考虑，即 $c_2 = 0.195$，则显然有 $c = 2.17$，此时弯矩与轴力的相关系数见图 3.3。

表 3.1　竖向荷载的统计参数

项目	ψ	ρ_g	g_c	均值	κ	δ	分布类型
竖向荷载	0.5	3:2	$1.33g_{1k}$	$1.44g_{1k}$	1.080	0.110	正态分布
	0.5	2:1	$1.25g_{1k}$	$1.35g_{1k}$	1.080	0.090	正态分布
	0.7	3:2	$1.47g_{1k}$	$1.44g_{1k}$	0.980	0.110	正态分布
	0.7	2:1	$1.35g_{1k}$	$1.35g_{1k}$	1.000	0.090	正态分布
水平荷载	风荷载				0.999	0.195	极值Ⅰ型
	地震作用				1.060	0.300	极值Ⅰ型

注：ρ_g＝恒载标准值/活载标准值，表中 κ 与 δ 的数值取办公楼与住宅的平均值。

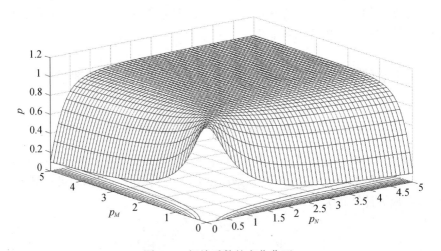

图 3.3　相关系数的变化曲面

从图 3.3 中可看出，当 ρ_M 较大而 ρ_N 较小或者 ρ_N 较大而 ρ_M 较小时，相关系数均取较小值，即独立性增强，相关性减弱。进一步计算表明，当 c_1 和 c_2 取其他值时，如水平荷载按地震作用考虑，即 $c_2 = 0.318$ 时，相关系数的变化仍有此规律。

可靠性设计中，一般采用分项系数的设计表达式。假定选取的荷载分项系数为 γ_g、γ_q，弯矩和轴力的设计值如式（2.4）所示。当水平荷载为风荷载时，$\gamma_q = 1.4$，γ_g 需经换算后方可得到（考虑设计标准[2]对楼面恒、活荷载分项系数取值的差异）；而当水平荷载为地震作用时，按抗震规范[3]有 $\gamma_g = 1.2$、

$\gamma_q=1.3$。

应指出的是，对于不同的设计状态，如大偏压状态和小偏压状态，按式（2.4）计算的设计内力值所具有的概率特性并不相同。简单考虑，设抗力参数为确定值，根据偏压构件 N_u-M_u 相关曲线的特性（图 3.2），可得到设计内力值处的切线方程。假定失效方程按此切线方程近似考虑，如图 3.4 所示。

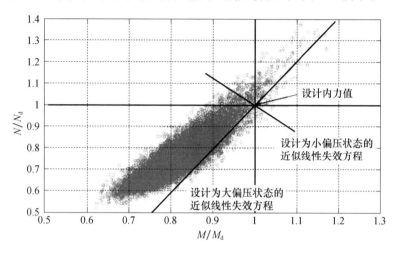

图 3.4　弯矩和轴力的相关性对失效概率的影响

在图 3.4 中，设计为小偏压状态的失效点均出现在 $M>M_d$ 或 $N>N_d$ 的区域。由于设计内力值已具有较高的保证概率，抽样点出现在这部分区域的概率很小，因而失效概率随弯矩和轴力相关性的变化不会有明显的波动。

而设计为大偏压状态的失效点包含了 $M<M_d$ 且 $N<N_d$ 的区域，由于出现在这部分区域的概率最大，因而此时失效概率随弯矩和轴力相关性的变化将会很明显。即若弯矩和轴力相关性很高，则抽样点分布区域近似为一直线（原点至设计内力点的连线），此时出现在失效区域的可能性较小，因而失效概率较小；若因 ρ_M 较大而 ρ_N 较小使得弯矩和轴力相关性很弱，则出现在失效区域的可能性增大，失效概率将较大。

此处从定性层次上分析了设计为大小偏压状态的失效概率特性，后文算例将证实这些结论。

3.2.2　规范荷载效应比值下框架柱可靠度的变化规律

不同的荷载效应比值下，偏压柱截面上弯矩和轴力的随机相关程度不同，从而导致偏压柱的可靠度也会变化。

1. 规范常用荷载效应比值下的可靠度计算结果

为简单考虑，设有一偏压构件截面，其几何尺寸为 300mm×400mm，混凝土强度等级为 C30，两侧均配有截面积为 480mm² 的 HRB335 级钢筋。

只考虑钢筋强度、混凝土强度、竖向荷载与水平荷载 4 个随机变量，其中竖向荷载概率模型按 $\kappa = 1.00$，$\delta = 0.09$ 确定；水平荷载概率模型按风荷载考虑；混凝土强度 f_c 和钢筋强度 f_y 均为正态分布变量，对应的统计参数分别为 $\mu_{fy} = 1.14 f_{yk}$，$\mu_{fc} = 1.41 f_{ck}$，$\delta_{fy} = 0.07$，$\delta_{fc} = 0.19$[4]。其中 f_{ck} 和 f_{yk} 分别为混凝土抗压强度标准值和钢筋抗拉强度标准值。

对于 RC 偏压柱，规范考虑荷载效应比值 ρ_M 和 ρ_N 取值范围为 0.1~2。考虑两种偏心距值：$0.75h_0$ 和 $0.25h_0$，前者对应大偏压状态，设计内力 $(M_d、N_d)$ 为 $(107.0 \text{kN} \cdot \text{m}，395.3 \text{kN})$；后者对应小偏压状态，设计内力 $(M_d、N_d)$ 为 $(107.0 \text{kN} \cdot \text{m}，1204.5 \text{kN})$，则在此范围内可靠指标与不同荷载效应比值的对应关系见表 3.2、表 3.3。

表 3.2 大偏压设计构件在不同荷载效应比值下的可靠指标

ρ_M	ρ_N				
	0.1	0.25	0.5	1	2
0.1	4.22	4.26	4.13	3.94	3.43
0.25	4.22	4.26	4.42	4.31	4.12
0.5	3.69	3.98	4.26	4.19	4.26
1	2.99	3.24	3.53	3.89	4.19
2	2.57	2.73	2.94	3.25	3.56

表 3.3 小偏压设计构件在不同荷载效应比值下的可靠指标

ρ_M	ρ_N				
	0.1	0.25	0.5	1	2
0.1	3.33	3.38	3.42	3.43	3.43
0.25	3.40	3.42	3.42	3.41	3.41
0.5	3.40	3.46	3.44	3.40	3.42
1	3.40	3.41	3.43	3.40	3.40
2	3.43	3.43	3.43	3.41	3.35

2. 荷载效应比值互相独立时的可靠度变化规律

按现行标准[2]，一般情形下（安全等级为二级）构件延性破坏时的目标可靠指标为 3.2，构件脆性破坏时的目标可靠指标为 3.7。若 ρ_M 和 ρ_N 取值相互不约束，则可靠指标可取为表 3.2、表 3.3 中的每一个数据。

在表 3.2 中，可看出不同荷载效应比值下大偏压构件的可靠指标变化较大，平均值为 3.78，高于目标可靠指标 3.2 较多。在表 3.3 中，不同荷载效应比值下小偏压构件的可靠指标变化不大，近乎可不用考虑荷载效应比值的影响。各种情形下均值为3.41，低于其目标可靠指标3.7。

这些计算结果表明，对于风荷载与竖向荷载的组合，当ρ_M和ρ_N取值相互不约束时，设计为小偏压构件的平均可靠指标低于其目标值，本研究建议此时设计配筋应留有一定余量；而对于设计为大偏压的构件，总体上虽具有较高的可靠性水平，但在部分情形下（当ρ_M较大而ρ_N较小时），将低于其目标可靠指标较多，这应引起设计人员的注意，后有更进一步的深入分析。

3.2.3 典型框架结构钢筋混凝土柱可靠度计算

1. 典型框架柱荷载效应比值分析

关于两种荷载为竖向荷载和水平荷载时，ρ_M和ρ_N的相互关系，现有文献讨论较少，本小节在此以多个典型框架结构为例（表3.4、图3.5）进行分析。

表 3.4　典型框架结构的参数取值

结构模型	混凝土强度等级	梁截面/mm	柱截面/mm
模型一	C30	200×600	400×400
模型二	C30	200×400、200×600	400×400
模型三	C30	200×400、300×600	500×500

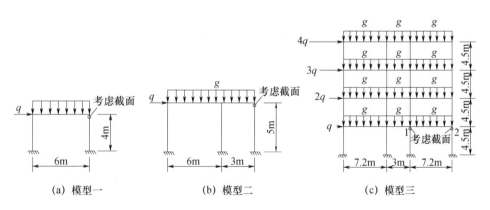

(a) 模型一　　　(b) 模型二　　　(c) 模型三

图 3.5　典型框架结构计算简图

定义一参数λ_0，其计算式为：

$$\lambda_0 = \rho_M / \rho_N \tag{3.5}$$

将式（2.2）代入式（3.5）后，得到

$$\lambda_0 = (b_1 a_2) / (b_2 a_1) \tag{3.6}$$

则不同RC框架结构的λ_0分析结果见表3.5。

表 3.5　不同 RC 框架结构的分析结果

截面位置	内力表达式		λ_0
模型一截面	$M=2.50g+0.70q$	$N=3.00g+0.23q$	7.93
模型二截面	$M=0.28g+0.55q$	$N=1.07g+0.31q$	6.77
模型三截面 1	$M=1.25g+4.33q$	$N=20.5g-0.41q$	173.2
模型三截面 2	$M=1.59g+3.16q$	$N=14.3g+5.95q$	4.79

从表 3.5 中知 λ_0 的取值范围为 4.79～173.2。综合这些数据，并考虑到所分析的模型数量较少，因此实际的 λ_0 取值应会涵盖 4.79～173.2 这个范围。为简单考虑，暂定 λ 的大致取值范围为 4.0～∞，因而在水平荷载与竖向荷载作用下典型框架结构中大偏压柱的可靠指标一般只能取为 $\rho_M/\rho_N>4.0$ 的数据。对照表 3.2，可知此时恰为可靠指标较低的情形，计算可知表 3.2 中满足上述条件的可靠指标平均值仅为 3.03，已低于目标可靠指标 3.2 的要求。

以上考虑的虽是水平荷载为风荷载的情形，但对于水平荷载为地震作用的情形，大偏压框架柱可靠度水平较低的结论仍成立。

2. 两跨两层框架结构抗风可靠度算例

某一混凝土框架跨度 6m，层高 4m，承受竖向荷载 g、水平风荷载 q，如图 3.6 所示。为简单考虑，暂忽略二阶效应，即把框架柱当做短柱来考虑。

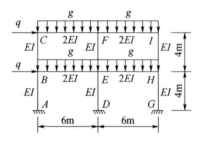

图 3.6　钢筋混凝土框架结构

用结构力学的位移法可计算出柱 GH 顶端截面的内力与荷载之间的近似关系式为

$$M(g,q)=0.75g+1.02q \tag{3.7a}$$

$$N(g,q)=5.42g+0.62q \tag{3.7b}$$

考虑两种荷载组合的情形，第一种情形中荷载代表值 $g_c=52.8\text{kN/m}$，$\rho_g=3:2$，$q_k=40\text{kN}$；第二种情形中荷载代表值 $g_c=53.1\text{kN/m}$，$\rho_g=2:1$，$q_k=40\text{kN}$，则在两种荷载组合情形下计算得到的内力设计值均为（M_d、N_d）＝（107.0kN・m，395.3kN）。

设柱截面按现行方法进行对称配筋设计，则所得构件的可靠指标计算结果如

表 3.6 所示，其中配筋量指单侧的配筋量。

表 3.6 不同竖向荷载模型下的可靠指标

竖向荷载统计参数		设计截面尺寸/mm	设计状态	配筋/mm²	β
$\kappa=0.98$	$\delta=0.11$	300×400	大偏压	480	2.96
$\kappa=1.00$	$\delta=0.09$	300×400	大偏压	480	2.95

在表 3.6 中，竖向荷载的概率模型参数较为接近，因而可靠指标随之变化不大，但可靠指标值已明显低于目标可靠指标 3.2。

另外，根据式（3.7）和荷载信息可计算出 ρ_N 值约为 0.087，ρ_M 值约为 1.03，代入式（3.4）求得弯矩和轴力的相关系数约为 0.59，既非相互独立，也非完全相关，可见在实际工程中，这种情形是较为普遍的。

3. 多层多跨框架结构抗震可靠度算例

设某多层多跨框架如图 3.5（c）所示，在重力荷载与水平地震组合作用下，柱截面 1 上的内力表达式参见表 3.5。若水平地震影响系数 $\alpha=0.05$，这样可估算出 $\rho_N=-0.006$，$\rho_M=1.0$。对于此框架柱，按受弯出铰破坏考虑，一般设计为大偏压构件，其抗震验算极限弯矩计算式为：

$$M_u=\frac{1}{\gamma_{RE}}\left[0.5\gamma_{RE}Nh\left(1-\frac{\gamma_{RE}N}{f_cbh}\right)+f'_yA'_s\ (h_0-a'_s)\right] \tag{3.8}$$

式中：$\gamma_{RE}=0.8$。

假定重力荷载概率模型参数按 $\kappa=1.08$，$\delta=0.11$ 确定，则不同情形下的可靠指标见表 3.7。其中 η 为原抗震规范[5]给出的柱端弯矩增大系数，ρ_s 是指单侧纵向配筋率。

表 3.7 大偏压设计构件的抗震可靠指标

ρ_s	0.5%	1.0%	1.5%
$\eta=1.0$	1.35	1.27	1.27
$\eta=1.2$	2.20	2.23	2.19

表 3.7 中，抗震可靠指标随柱端弯矩增大系数的提高而增大。但随配筋率的提高变化不明显，原因在于设计配筋率高时对应的设计内力值也大。对此框架柱的进一步计算表明，在极端情况（$\rho_M\to\infty$）下，当 $\eta=1.0$ 时 β 最低值约为 0.96；当 $\eta=1.2$ 时 β 最高值约为 1.53。可见当 $\rho_M\to\infty$ 而 η 在 1.0～1.2 内取值时，失效概率会在 16.9%（对应 $\beta=0.96$）至 6.3%（对应 $\beta=1.53$）内变化，可靠性处于较低的水平上。该数值与汶川地震中，柱出铰破坏较为严重[6]的情形相吻合。

3.3 随机偏心距下大偏压混凝土柱可靠度简化模型与变化规律

3.3.1 失效方程的数值分析

1. 基于规范的失效方程表达式

对于典型的对称配筋矩形截面，基于规范的大偏压（受拉破坏）柱计算模型通常采用等效矩形应力块假设。在中国混凝土规范中，柱承载力公式计算为

$$M = Ne = f'_y A'_s (h_0 - a'_s) + \alpha_1 f_c bx \left(h_0 - \frac{x}{2}\right) - N\left(\frac{h}{2} - a_s\right) \quad (3.9a)$$

$$N = \alpha_1 f_c bx \quad (3.9b)$$

式中：M 和 N 分别是弯矩和轴向力；$\alpha_1 f_c$ 为混凝土抗压强度（普通混凝土为 $\alpha_1 = 1.0$）；f'_y 是受压钢筋的屈服强度；A'_s 是受压钢筋截面面积；h 和 h_0 分别表示截面实际高度和有效高度；b 是截面宽度；a'_s 是受压钢筋合力点至受压边缘的距离；x 是等效矩形应力块的高度。承载力模型如图 3.7 所示。

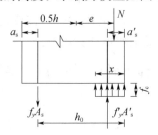

图 3.7 钢筋混凝土柱的承载力模型

f_y—受拉钢筋的屈服强度；A_s—受拉钢筋的截面面积；a_s—受拉钢筋保护层厚度

对于受拉破坏的钢筋混凝土柱，控制荷载组合通常按最大弯矩组合确定。通常，竖向荷载产生的轴向力是压力。然而，由于方向不确定，水平作用产生的轴向力可能是压力（相关公式用 a 编号，下同），也可能是拉力（相关公式用 b 编号，下同）。因此，总弯矩 M 和轴力 N 可以具体表示为：

$$M = a_1 g + b_1 g = M_g + M_q \quad (3.10)$$

$$N = a_2 g + b_2 q = N_g + N_q \quad (3.11a)$$

$$N = a_2 g - b_2 q = N_g - N_q \quad (3.11b)$$

用 e_g 和 e_q 分别表示 g 和 q 产生的偏心距，它们可以表示为

$$e_g = a_1 / a_2 \quad (3.12a)$$

$$e_q = b_1 / b_2 \quad (3.12b)$$

式中：a_1、a_2、b_1、b_2 分别为相应的效应系数取值。

用 R_M 表示给定轴力时柱截面抗弯能力，基于上文我国规范给出的 M 和 N，R_M 可以表示为

$$R_M = f'_y A'_s (h_0 - a'_s) + N\left(\frac{h}{2} - \frac{N}{2\alpha_1 f_c b}\right) \tag{3.13}$$

由式（3.10）、式（3.11）和式（3.13）可以推出对应的极限状态方程可以表示为

$$-\frac{b_1 q}{\alpha_1 f_c b h^2} + \frac{e_q}{h}\left[\left(0.5 - \frac{e_q}{h} - \frac{a_2 g}{\alpha_1 f_c b h}\right) + \right.$$

$$\left. \sqrt{\left(0.5 - \frac{e_q}{h}\right)^2 + \frac{2a_2 g}{\alpha_1 f_c b h}\left(\frac{e_q}{h} - \frac{e_g}{h}\right) + \frac{2f'_y A'_s}{\alpha_1 f_c b h}\frac{h_0 - a'_s}{h}}\right] = 0 \tag{3.14a}$$

$$-\frac{b_1 q}{\alpha_1 f_c b h^2} + \frac{e_q}{h}\left[\left(\frac{a_2 g}{\alpha_1 f_c b h} - 0.5 - \frac{e_q}{h}\right) + \right.$$

$$\left. \sqrt{\left(0.5 + \frac{e_q}{h}\right)^2 - \frac{2a_2 g}{\alpha_1 f_c b h}\left(\frac{e_q}{h} + \frac{e_g}{h}\right) + \frac{2f'_y A'_s}{\alpha_1 f_c b h}\frac{h_0 - a'_s}{h}}\right] = 0 \tag{3.14b}$$

2. 风荷载作用下典型框架柱极限荷载的相互作用曲线

一般来说，对于低层钢筋混凝土框架，风荷载产生的动力效应较小。因此，在下面的分析中，风的作用可以视为静态的。

对于给定跨度、层数、荷载分布、配筋率、截面尺寸等结构参数的钢筋混凝土框架柱，其 g-q 相互作用曲线可以很容易地根据方程式（3.14）推导出来。例如，图 3.8 所示的是一些典型的钢筋混凝土框架。

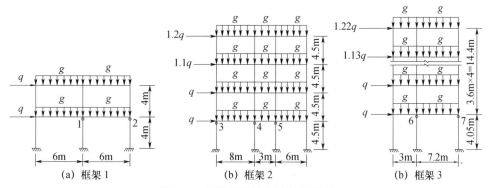

(a) 框架 1   (b) 框架 2   (b) 框架 3

图 3.8　典型框架结构的计算模型

其各楼层风力计算式为

$$F_i = \lambda_H W_0 \tag{3.15}$$

式中：λ_H 是建筑物高度调整系数；W_0 是标准高度下建筑 B 类地貌（城市和郊区）的风力；H 是计算楼层高出基础的高度。基于我国荷载规范[7]，λ_H 见表 3.8。

表 3.8　基于不同高度的 λ_H 取值

H/m	λ_H
5.0	1.00
10.0	1.00
15.0	1.14
20.0	1.25

通过不考虑二阶效应的简单结构分析，结构参数见表 3.9。获得的荷载效应（弯矩单位为 kN·m，轴向力单位为 kN），见表 3.10。假设 $f'_y = 300\text{MPa}$ 和 $\alpha_1 f_c = 14.3\text{MPa}$，它们的 $g\text{-}q$ 曲线如图 3.9 所示。

表 3.9　典型框架的参数

框架编号	梁尺寸/mm	柱		
		尺寸/mm	A'_s/mm^2	a_s/mm
框架 1	250×600	400×400	1520	40
框架 2	200×400 300×600	500×500	1964	40
框架 3	250×350 250×600	400×400	1140（CS6） 1473（CS7）	40

表 3.10　典型钢筋混凝土框架的荷载效应

截面编号	a_1	b_1	a_2	b_2	e_g/h	e_q/h	轴力计算式
CS1	0	1.42	13.1	0.003	0	1318	式（3.11b）
CS2	0.77	1.02	5.43	0.62	0.354	4.10	式（3.11a）
CS3	1.98	1.38	15.9	1.75	0.249	1.59	式（3.11a）
CS4	1.61	1.83	22.3	0.47	0.144	7.71	式（3.11b）
CS5	0.77	2.02	17.8	0.58	0.087	6.98	式（3.11a）
CS6	1.07	3.66	25.6	0.995	0.104	9.20	式（3.11b）
CS7	1.34	2.83	18.0	4.54	0.187	1.56	式（3.11a）

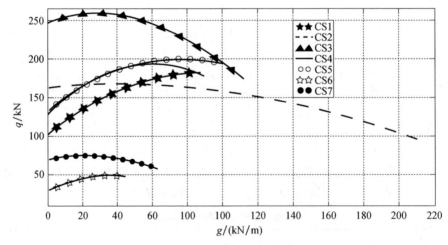

图 3.9　不同柱截面 $g\text{-}q$ 曲线图

可以看出，极限荷载的各相互作用曲线都有一些正相关的部分。然而，正相关部分占整个相互作用曲线的比例差异很大。在典型框架中，中间柱的正相关占比较高（见曲线 CS1、CS4、CS5 和 CS6）；而对于相应的边柱，其正相关占比则较低（见曲线 CS2、CS3 和 CS7）。

根据理论分析，当 g 在 $[0, \lambda_{g1}\alpha_1 f_c bh/a_2]$ 范围内时，一阶导数 $\mathrm{d}q/\mathrm{d}g$ 将大于零。这里，λ_{g1} 是一个归一化因子，由下式给出

$$\lambda_{g1} = \frac{(e_q/h - e_g/h)^2 - (0.5 - e_q/h)^2 - 2\lambda_s}{2(e_q/h - e_g/h)} \tag{3.16a}$$

$$\lambda_{g1} = \frac{(0.5 + e_q/h)^2 - (e_q/h + e_g/h)^2 + 2\lambda_s}{2(e_q/h + e_g/h)} \tag{3.16b}$$

其中 λ_s 也是一个归一化因子，它被定义为

$$\lambda_s = \frac{f'_y A'_s}{\alpha_1 f_c bh} \frac{h_0 - a'_s}{h} \tag{3.17}$$

显然，λ_s 很小。例如，对于表 3.10 中的 7 种柱截面，它的范围是从 0.12 到 0.16。在钢筋混凝土框架结构中，e_g 通常小于 $0.5h$，而 e_q 通常大于 $0.5h$（见表 3.10 中的典型情况），那么基于式（3.16）可知 $\lambda_{g1} > 0$。在实际情况下，正相关部分肯定存在于极限荷载的相互作用曲线中。但是，对于一个简单的线性失效函数 $R - M_g - M_q = 0$[8-9]（其中 R 常被认为是与轴力无关的独立变量），对应的 g-q 曲线将是没有任何正相关部分的直线，即图 3.10 中标记 line1、line2 的线。

比较图 3.10 中更真实的非线性曲线和对应的直线，很明显，无论它们的交点位于更真实的非线性曲线的正相关部分还是负相关部分，它们都有很大的不同。Li 和 Melchers[10]指出，在弯矩和轴力共同作用下，钢筋混凝土柱的极限状态曲面是非线性的。因此，基于简单线性失效方程获得的可靠性结果较不符合实际。

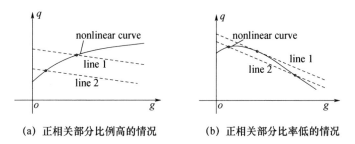

(a) 正相关部分比例高的情况　　　(b) 正相关部分比率低的情况

图 3.10　基于简单线性和复杂失效方程的 g-q 曲线对比

3.3.2　失效方程的实用非线性模型

q_u 表示给定竖向荷载 g 值下柱的极限水平荷载。然后，利用 $g = 0$ 时的泰勒级数展开，q_u 的近似函数计算如下

$$q_u = k_0 + k_1 g + \frac{k_2}{2} g^2 + \cdots \tag{3.18}$$

式中：k_0、k_1 和 k_2 分别是 $g=0$ 时的函数值、一阶导数值和二阶导数值。它们与结构参数相关，计算如下

$$k_0 = \frac{e_q}{b_1 h} \frac{2f'_y A'_s (h_0 - a'_s)}{\sqrt{(e_q/h - 0.5)^2 + 2\lambda_s} + (e_q/h - 0.5)} \qquad (3.19a)$$

$$k_0 = \frac{e_q}{b_1 h} \frac{2f'_y A'_s (h_0 - a'_s)}{\sqrt{(e_q/h + 0.5)^2 + 2\lambda_s} + (e_q/h + 0.5)} \qquad (3.19b)$$

$$k_1 = \frac{a_2 e_q}{b_1}\left[-1 + \frac{e_q/h - e_g/h}{\sqrt{(e_q/h - 0.5)^2 + 2\lambda_s}} \right] \qquad (3.20a)$$

$$k_1 = \frac{a_2 e_q}{b_1}\left[1 - \frac{e_q/h + e_g/h}{\sqrt{(e_q/h + 0.5)^2 + 2\lambda_s}} \right] \qquad (3.20b)$$

$$k_2 = -\frac{a_2^2 e_q}{b_1 \alpha_1 f_c bh} \frac{(e_q/h - e_g/h)^2}{\sqrt{[(e_q/h - 0.5)^2 + 2\lambda_s]^3}} \qquad (3.21a)$$

$$k_2 = -\frac{a_2^2 e_q}{b_1 \alpha_1 f_c bh} \frac{(e_q/h + e_g/h)^2}{\sqrt{[(e_q/h + 0.5)^2 + 2\lambda_s]^3}} \qquad (3.21b)$$

其中在大多数情况下 $k_1 > 0$ 且 $k_2 < 0$（$e_q > 0.5h > e_g$）。

在钢筋混凝土框架的实际设计中，竖向荷载 g 通常被限制在一定的范围内，以保证给定尺寸的柱可以在受拉破坏时屈服，从而获得较高的延性。在图 3.9 中，当 g 在该范围内时，对应可用的曲线是 CS1、CS2、CS4 和 CS6。对于这些情况，可用二次展开式的形式，在适用范围内最大误差率约为 5%。CS1、CS2 和 CS4 曲线与其二次展开式的比较如图 3.11 所示。

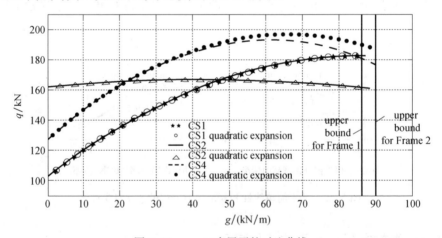

图 3.11　g-q 二次展开的对比曲线

钢筋混凝土柱的可靠性分析一般需要考虑较多随机效应。然而，承载能力计算模型和截面几何尺寸中的不确定性被暂时忽略，因为它们的变异系数很小。因此，在下面的分析中考虑了四个主要的随机变量，即重力荷载 g、水平风荷载 q、钢筋强度 f_y 和混凝土强度 f_c。

式（3.19）表明 k_0 涉及抗力的随机变量（如钢筋和混凝土强度），不涉及荷载的随机变量［式（3.12）表明 e_g、e_q 与荷载值无关］。因此，k_0 可以假设为失效方程中的抗力变量 R。如前所述，λ_s 很小，为了简化计算，式（3.19）～式（3.21）中可以忽略 $2\lambda_s$ 项。这里引入了一个系数 k_2'，定义为 $k_2' = k_2 f_c$，那么 k_1 和 k_2' 将不包含任何系数和荷载的随机变量。因此，它们可以用作确定性变量。在此基础上，实际失效方程可表示为

$$R + k_1 g + \frac{k_2'}{2f_c}g^2 - q = 0 \tag{3.22}$$

根据式（3.22），标准荷载效应 S_n 对应于标准重力荷载 g_n、标准水平荷载 q_n 和标准混凝土强度 f_{cn}，由下式给出

$$S_n = -k_1 g_n + \frac{-k_2'}{2f_{cn}}g_n^2 + q_n \tag{3.23}$$

如前所述，在大多数情况下 $k_1 > 0$，$k_2' < 0$。这表明重力荷载效应的线性部分抵消了非线性部分和风荷载效应。

对于一个设计案例，荷载效应比常用于分析总荷载效应的有关特性。设 ρ_1 表示风效应与重力效应的线性部分之比，ρ_2 表示重力效应的非线性部分与线性部分之比，可以计算为

$$\rho_1 = q_n / (k_1 g_n) \tag{3.24}$$

$$\rho_2 = -k_2' g_n / (2k_1 f_{cn}) \tag{3.25}$$

值得注意的是，文献[9] 中选定的混凝土平均强度为 2760 磅/平方英寸（19.0MPa）。然而，在混凝土有关计算中经常需要较大的值，因此，这里采用平均强度为 27.6MPa 的混凝土概率模型。此外，对于模型 A（美国规范）和模型 C（中国规范），所选混凝土的标准强度分别为 20.7MPa 和 14.3MPa；所选钢筋的强度分别为 276MPa 和 300MPa。变量的所有统计参数见表 3.11。

表 3.11　随机变量的统计参数

变量	分布类型	μ	δ	文献	模型
g/g_n	正态分布	1.08	0.10	[11]	A/C
q/q_n	极值 I 型分布	0.78	0.37	[9]	A
q/q_n	极值 I 型分布	0.999	0.195	[4]	C
f_c	正态分布	27.6MPa	0.18	[9]	A
f_c	正态分布	28.3MPa	0.19	[4]	C
f_y'	正态分布	313MPa	0.12	[9]	A
f_y'	正态分布	382MPa	0.07	[4]	C

根据表 3.10 和表 3.11 中的信息，可以在指定名义荷载后计算柱的可靠度。由于失效方程的复杂特性，这里采用蒙特卡罗模拟进行可靠度计算。

为了便于比较，这里选择较大的荷载，将 CS4 的可靠性设置在较低水平。具体结果见表 3.12。结果表明，基于所提出失效方程模型计算得到的可靠指标与基于真实失效方程的可靠指标吻合较好。这表明，式（3.22）所示的实用失效方程模型对于模型 A 和 C 是合适的。然而，文献[8-9]中使用的线性失效方程模型会由于可能高估可靠指标而导致较大误差。

表 3.12　典型柱截面可靠度分析结果

模型编号	g_n / (kN/m)	q_n /kN	可靠指标 β			
			式（3.14）	式（3.22）	式（3.22）*	LLF
CS1（A）	42.3	120	1.94	1.94	1.93	2.13
CS2（A）	53.8	118	1.95	1.95	1.99	2.03
CS4（A）	44.1	161	1.58	1.59	1.55	1.60
CS6（A）	31.9	34.9	2.20	2.19	2.20	2.66
CS1（C）	42.3	120	2.44	2.46	2.46	2.97
CS2（C）	53.8	118	2.76	2.80	2.84	3.04
CS4（C）	44.1	161	1.98	1.99	1.99	2.31
CS6（C）	31.9	34.9	2.76	2.76	2.79	3.34

注：式（3.22）*表示计算 R，k_1，k_2 时不考虑 $2\lambda_s$；LLF 表示使用线性失效方程。

3.3.3　模型的适用性讨论

1. 可靠度变化的有效预测

由式（3.23）可得随机荷载效应表示为

$$S = k_1 g_n \left[-\frac{g}{g_n} + \rho_2 \left(\frac{f_{cn}}{f_c} \right) \left(\frac{g}{g_n} \right)^2 + \frac{q}{q_n} \rho_1 \right] \tag{3.26}$$

考虑混凝土标准强度的两种情况（情况 1：14.3MPa 和情况 2：20.7MPa），典型钢筋混凝土框架柱的 ρ_1 和 ρ_2 计算见表 3.13。可以看出，ρ_1 为 1.01～8.95，ρ_2 为 0.197～0.661。此外，如果 ρ_1 小于 1.0，当 ρ_2 较小时，总标准荷载效应为负。在这种情况下，钢筋配置将由构造要求而不是设计计算决定。因此，在以下分析中，ρ_1 和 ρ_2 分别考虑 1.0～9.0 和 0.2～1.6 的范围。

表 3.13　典型框架荷载效应比的计算

模型编号	g_n /(kN/m)	q_n /kN	k_1	k'_2	ρ_1	ρ_2	
						情况 1	情况 2
CS1	42.3	120	1.845	−0.302	1.54	0.242	0.197
CS2	53.8	118	0.245	−0.086	8.95	0.661	0.537
CS6	31.9	34.9	1.084	−0.390	1.01	0.402	0.326

为了满足要求的目标可靠性水平，名义抗力通常通过对标准荷载效应 S_n 放大 K_s 倍来确定，并由下式给出

$$R_n = K_s S_n \tag{3.27}$$

式中：K_s 是一个安全系数。对于受拉破坏的钢筋混凝土柱，在具有线性失效方程的可靠性校准中使用了 1.55 的安全系数（见文献 [4]）。然而，考虑到线性失效方程和建议的非线性失效方程之间的差异，对于安全系数 K_s，取 1.3～1.9 的更大范围讨论将更合理一些。

根据式（3.13）、式（3.23）、式（3.27）可以计算和确定荷载的统计参数（例如平均值和变异系数）。对于一个表示为 $Z = R - S$ 的功能函数，记 S^* 和 R^* 作为荷载效应和抗力的设计值，这可以通过一阶可靠性方法容易地获得。同时，记 P_c 表示 S 大于 $n_c S_n$（$n_c = S^*/S_n$）的条件概率，其由下式给出

$$P_c = P(S > n_c S_n) \tag{3.28}$$

显然，对于给定的 n_c，P_c 越小，可靠性越高。因此，不同情况之间的可靠性差异可以通过 P_c 的相应差异来反映，这很容易通过抽样获得。

一般，$S^* > S_n$，因此 $n_c > 1.0$。为了进一步探索，n_c 采用 1.2 和 1.7 两个可能值来研究 P_c 的变化趋势。然后，考虑不同的 ρ_1、ρ_2、n_c，P_c 值变化如图 3.12 所示。

可以看出，无论使用模型 C 还是模型 A，P_c 的变化都是相似的，并且随着 ρ_2 的增加，P_c 减小（即可靠性增加）。此外，在所有参数中，ρ_2 对 P_c 的影响很大，并且导致很大的差异。特别是对于模型 C 中 $\rho_1 = 1.0$ 和 $n_c = 1.7$ 的情况，ρ_2 变化时，P_c 值相差大约是百倍。因此，可以推断，在上述参数范围内，相应的失效概率差异也很大。

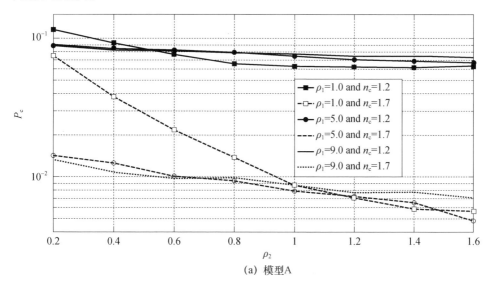

(a) 模型A

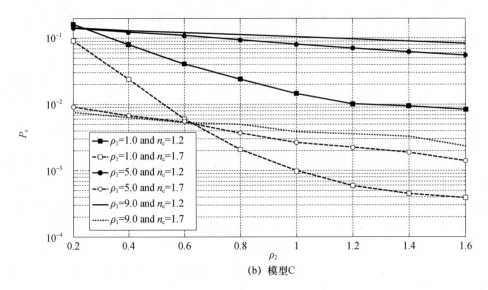

(b) 模型C

图 3.12　不同参数变化时的 P_c 曲线

为了证明这些结论，利用蒙特卡罗模拟，计算出失效概率见表 3.14、表 3.15。可以看出，图 3.12 和表 3.14、表 3.15 中的结果吻合较好，并且对于用相同的 K_s 和不同的参数（例如 ρ_2）设计的钢筋混凝土柱，失效概率的差异很大。例如，对于模型 C 和 $\rho_1=1.0$，这种差异约为数百倍。

基于以上分析，证明了该模型可以从超越概率的角度有效地预测可靠度变化。因此，不需要直接进行可靠度计算，这降低了计算成本。

表 3.14　模型 A 情形下失效概率的比较

K_s	$\rho_1=1.0$			$\rho_1=5.0$		
	$\rho_2=0.2$	$\rho_2=1.6$	比率	$\rho_2=0.2$	$\rho_2=1.6$	比率
1.3	0.095	0.0249	3.8	0.0378	0.0282	1.3
1.4	0.085	0.0154	5.6	0.0248	0.0182	1.4
1.5	0.075	0.0095	8.0	0.0170	0.0114	1.5
1.6	0.069	0.0066	10.5	0.0107	0.0069	1.6
1.7	0.066	0.0046	14.5	0.0073	0.0044	1.7
1.8	0.058	0.0022	26.5	0.0053	0.0026	2.0
1.9	0.052	0.0017	31.4	0.0035	0.0018	2.0

表 3.15　模型 C 情形下失效概率的比较

K_s	$\rho_1=1.0$			$\rho_1=9.0$		
	$\rho_2=0.2$	$\rho_2=1.6$	比率	$\rho_2=0.2$	$\rho_2=1.6$	比率
1.3	0.094	0.00069	136.6	0.01245	0.00470	2.7
1.4	0.081	0.00042	192.8	0.00555	0.00197	2.8
1.5	0.069	0.00024	285.6	0.00375	0.00074	5.1
1.6	0.058	0.00017	350.3	0.00124	0.00040	3.1
1.7	0.050	0.00011	438.5	0.00062	0.00020	3.2
1.8	0.042	0.00008	549.7	0.00036	0.00009	4.2
1.9	0.036	0.00006	616.0	0.00015	0.000035	4.3

2. 低可靠性案例的快捷预测

将式（3.20）、式（3.21）代入式（3.25），ρ_2 可以表示为

$$\rho_2 = \lambda_n \frac{0.5\,(e_q/h - e_g/h)^2}{(0.5 - e_g/h)\,(e_q/h - 0.5)^2} \tag{3.29a}$$

$$\rho_2 = \lambda_n \frac{0.5\,(e_q/h + e_g/h)^2}{(0.5 - e_g/h)\,(e_q/h + 0.5)^2} \tag{3.29b}$$

式中 λ_n 是轴压比，可以表示为

$$\lambda_n = a_2 g_n / (\alpha_1 f_{cn} b h) \tag{3.30}$$

对于设计为大偏压破坏的钢筋混凝土柱，λ_n 通常要求小于 0.5。为了研究 e_g/h 和 e_q/h 对 ρ_2 的影响，采用 0.3 作为 λ_n 的常用值。然后，通过简单的计算得到 ρ_2 的曲线，如图 3.13 所示。

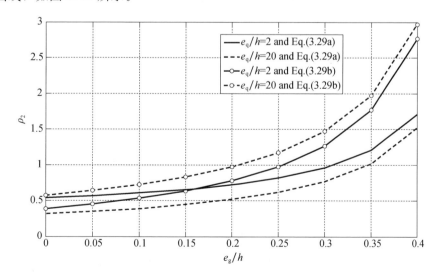

图 3.13　不同偏心距（$\lambda_n=0.3$）的 ρ_2 曲线

该结果表明，无论 e_q/h 是大还是小，当 ρ_2 用式（3.29）计算时，ρ_2 都会随着 e_g/h 的增加而增加。基于前面提到的结论，即设计可靠性会随着 ρ_2 的增加而增加，这表明 e_g/h 越小，可靠性越低。

参考文献

[1] 贡金鑫，郑峤．钢筋混凝土偏心受压构件安全性的概率分析［J］．工业建筑，2003，33（11）：28-30.

[2] 中华人民共和国住房和城乡建设部．建筑结构可靠性设计统一标准（2018 年版）：GB 50068—2018［S］．北京：中国建筑工业出版社，2018.

[3] 中华人民共和国住房和城乡建设部．建筑抗震设计规范（2016 年版）：GB 50011—2010［S］．北京：中国建筑工业出版社，2010.

[4] 张新培．建筑结构可靠度分析与设计［M］．北京：科学出版社，2001.

[5] 中华人民共和国建设部．建筑抗震设计规范（2001 年版）：GB 50011—2001［S］．北京：中国建筑工业出版社，2001.

[6] 叶列平，曲哲，马千里，等．从汶川地震框架结构震害谈"强柱弱梁"屈服机制的实现［J］．建筑结构，2008，38（11）：52-59.

[7] 中华人民共和国住房和城乡建设部．建筑结构荷载规范（2012 年版）：GB 50009—2012［S］．北京：中国建筑工业出版社，2012.

[8] Gao X W，Wei L，Wei C J. Calibration of reliability level in the current Chinese seismic design code［J］．Journal of Civil Engneering，1987，20（2）：10-20.

[9] Ellingwood Bruce，Galambos Theodre V，MacGregor James G，et al. Development of a probability based load criterion for American national standard A58［J］．National Bureau of Standards，NBS Special Publication 577；1980.

[10] Li C Q，Melchers R E. Failure probability of reinforced concrete columns under stochastic loads［J］．Engineering Structures，1995，17（6）：419-24.

[11] Jiang You Bao，Sun Guo Heng，He Yi Hua，et al. A nonlinear model of failure function for reliability analysis of RC frame columns with tension failure［J］．Engineering Structures，2015，98（sep. 1）：74-80.

4 随机偏心距下按不同国家和地区规范设计的钢筋混凝土柱可靠度校准与改进

4.1 中美欧三地规范钢筋混凝土柱承载力设计对比

4.1.1 中国规范钢筋混凝土柱承载力

根据 GB 50010—2010《混凝土结构设计规范》[1]知，对于主要受到弯矩和轴力的钢筋混凝土柱，极限状态时其截面受力如图 4.1 所示，对应的承载力计算公式为

$$M=\alpha_1 f_c bx\left(\frac{h}{2}-\frac{x}{2}\right)+f'_y A'_s\left(\frac{h}{2}-a'_s\right)+\sigma_s A_s\left(\frac{h}{2}-a_s\right) \tag{4.1}$$

$$N=\alpha_1 f_c bx+f'_y A'_s-\sigma_s A_s \tag{4.2}$$

式中：M 和 N 分别为弯矩和轴向力；$\alpha_1 f_c$ 为混凝土抗压强度（普通混凝土为 $\alpha_1=1.0$）；f'_y 是受压钢筋的屈服强度；A_s、A'_s 分别是受拉、受压钢筋截面面积；h 和 h_0 分别是截面高度和有效高度；b 是截面宽度；a_s 和 a'_s 分别为受拉钢筋和受压钢筋合力点至相应边缘的距离，取 $a_s=a'_s$；x 是等效矩形应力块的高度；σ_s 取值见本书 2.2.1。

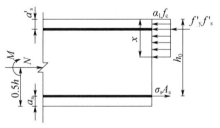

图 4.1 钢筋混凝土柱的承载力模型

4.1.2 欧洲规范钢筋混凝土柱承载力

对于承受弯矩 M（沿固定主方向）和轴力 N 的钢筋混凝土柱，其承载力计算模型采用 EN 1992-1-1（2004）[2]中的等效矩形应力块假设时，如图 4.2 所示。对于典型的对称矩形截面，承载力公式如下

$$M=\eta f_c bx\left(\frac{h}{2}-\frac{x}{2}\right)+f_1 A_1\left(\frac{h}{2}-d_1\right)+f_2 A_2\left(d-\frac{h}{2}\right) \tag{4.3}$$

$$N = \eta f_c bx + f_1 A_1 - f_2 A_2 \tag{4.4}$$

$$-f_y \leqslant f_1 = \frac{E_s \varepsilon_{cu} (d - x_c)}{x_c} \leqslant f_y \tag{4.5a}$$

$$-f_y \leqslant f_2 = \frac{E_s \varepsilon_{cu} (x_c - d_1)}{x_c} \leqslant f_y \tag{4.5b}$$

$$x = \lambda x_c \tag{4.6}$$

式中：ηf_c 为混凝土有效抗压强度，且当 $f_c \leqslant 50\text{MPa}$ 时，$\eta = 1.0$，f_c 为混凝土抗压强度；f_1 和 f_2 分别是钢筋抗压和抗拉强度；$-f_y$ 和 f_y 分别是钢筋抗压和抗拉屈服强度；A_1 和 A_2 分别是受压钢筋和受拉钢筋的面积，其中 $A_1 = A_2$；h 和 d 分别是几何高度和有效高度；b 是截面宽度；d_1 是从受拉（受压）钢筋的重心到极限受拉（受压）纤维的距离；x_c 和 x 分别是实际受压区高度和等效矩形应力块的高度，且当 $f_c \leqslant 50\text{MPa}$ 时，$\lambda = 0.8$；$E_s = 200\text{GPa}$ 为钢筋的弹性模量；$\varepsilon_{cu} = 0.0035$ 为假定的混凝土极限应变。

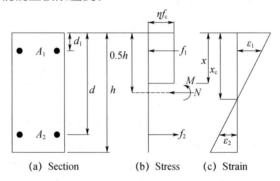

(a) Section (b) Stress (c) Strain

图 4.2 欧洲规范下钢筋混凝土柱的承载力模型

4.1.3 美国规范钢筋混凝土柱承载力

美国规范中，对于沿固定主方向偏心距为 e（$e = M/N$，M 和 N 分别为弯矩和轴力）的钢筋混凝土柱对称配筋矩形截面，其承载力计算模型通常采用规范（ACI 2005）[3] 中的等效矩形应力块假设，如图 4.3 所示。

其计算式为：

$$M = \alpha_1 f'_c bx \left(\frac{h}{2} - \frac{x}{2} \right) + f'_s A'_s \left(\frac{h}{2} - a'_s \right) + f_s A_s \left(\frac{h}{2} - a_s \right) \tag{4.7}$$

$$N = \alpha_1 f'_c bx + f'_s A'_s - f_s A_s \tag{4.8}$$

$$-f_y \leqslant f_s = E_s \varepsilon_{cu} (h_0 / x_c - 1) \leqslant f_y \tag{4.9}$$

$$-f_y \leqslant f'_s = E_s \varepsilon_{cu} (1 - a'_1 / x_c) \leqslant f_y \tag{4.10}$$

$$x = \beta_1 x_c \tag{4.11}$$

式中：$\alpha_1 f'_c$ 为在等效矩形块上假定均匀分布的混凝土应力，$\alpha_1 = 0.85$，$f'_c =$ 混凝土圆柱体抗压强度；f'_s 和 f_s 分别为钢筋受压和受拉时的应力；f'_y 和 f_y 分别为钢筋抗压和抗拉屈服强度，其中 $f'_y = f_y$；A'_s 和 A_s 为钢筋受压和受拉截面面积，其中 $A'_s = A_s$；h 和 h_0 分别为几何高度和有效高度；b 为截面宽度；a_s（a'_s）为从受拉（受压）钢筋的重心到极限受拉（受压）纤维的距离，其中 $a_s = a'_s$；x_c 和 x 分别为实际受压区高度和等效矩形应力块的高度；当 f'_c 处于 17.2MPa 和 27.6MPa 之间时 $\beta_1 = 0.85$；E_s 是钢筋的弹性模量，取值 200GPa；ε_{cu} 是混凝土假定的极限应变，取值 0.003。

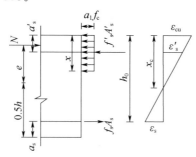

图 4.3　美国规范下 RC 柱的承载力模型

4.1.4　三地规范钢筋混凝土柱承载力设计对比

对比式（4.1）、式（4.2）和式（4.7）、式（4.8）可知中美两国规范承载力计算式的区别在于中国规范采用的是混凝土轴心抗压强度，而美国规范采用的是混凝土圆柱体抗压强度，且两国规范中等效矩形受压区的应力换算系数值也不相同。

混凝土立方体抗压强度为 f_{cc}，对于强度等级不高（如 C50 以下）的混凝土，按 GB 50010—2010《混凝土结构设计规范》[1] 知，混凝土的轴心抗压强度标准值 f_{ck} 与立方体抗压强度标准值 f_{cck} 之间的换算式为

$$f_{ck} = 0.669 f_{cck} \tag{4.12}$$

而混凝土圆柱体抗压强度标准值与立方体抗压强度标准值近似换算式[4] 为

$$f'_{ck} = 0.79 f_{cck} \tag{4.13}$$

对于式（4.12）和式（4.13），则有

$$f_{ck} = 0.85 f'_{ck} \tag{4.14}$$

对于 C50 以下的混凝土，按 GB 50010—2010《混凝土结构设计规范》[1] 有 $\alpha_1 = 1.0$。此时综合式（4.1）、式（4.2）和式（4.7）、式（4.8）以及式（4.14）可知，若统一采用混凝土轴心抗压强度来表达，则两国规范承载力计算式一致，区别在于设计验算时所用的强度代表值不同（中国规范采用材料强度设计值，而美国规范采用名义值）。为方便阐述，4.2.2 节以 f_{cd} 统一表示两国规范设计验算时采用的混凝土强度代表值，f'_{yd} 统一表示为钢筋强度代表值。

对比式（4.1）、式（4.2）和式（4.3）、式（4.4）可知中、欧规范承载力计算公式是相同的，只是部分参数表达及取值不同，例如 α_1 对应 η。另外，在混凝土强度较高时，我国规范 α_1 的取值要比欧洲规范的 η 的取值大。

4.2 中美规范大偏压钢筋混凝土柱抗震承载力可靠度校准与设计改进

4.2.1 典型情形下特征参数取值

按 GB 50011—2010《建筑抗震设计规范》[5]，RC 柱截面内力组合设计值的表达式为

$$M_d = \eta \left(\gamma_g a_1 g_k + \gamma_q b_1 q_k \right) \tag{4.15}$$

$$N_d = \gamma_g a_2 g_k + \gamma_q b_2 q_k \tag{4.16}$$

式中：g_k 为重力荷载代表值，$g_k = D_k + 0.5L_k$，D_k 和 L_k 分别为恒载和活载的标准值；q_k 为水平地震作用标准值；γ_g 和 γ_q 为荷载分项系数，取值分别为 1.2 和 1.3；η 为柱端弯矩增大系数，为实现预期"强柱弱梁"而引入的调整系数，按抗震等级为一至四级的不同可分别取为 1.7、1.5、1.3 和 1.2；a_1、b_1、a_2 和 b_2 分别为对应的荷载效应系数。

另外，GB 50011—2010《建筑抗震设计规范》[5]还引入了承载力抗震调整系数，按式（4.17）进行承载力验算

$$S_d = R_d / \gamma_{RE} \tag{4.17}$$

式中：R_d 为构件承载力设计值；S_d 为内力设计值；γ_{RE} 为承载力抗震调整系数，对于大偏压 RC 柱，通常取值为 0.8。

在美国规范 ACI 318-05[3]中，当地震作用设防水平按 service-level（对应 50 年的超越概率为 10%，与 GB 50011—2010《建筑抗震设计规范》[5]的基本烈度设防水平相同）考虑时，地震作用分项系数需取为 1.4。由于地震作用方向的不确定性，通常以重力荷载和地震作用组合后使柱截面弯矩较大的原则选取控制组合，因此按美国规范 ACI 318-05[3]考虑，作用组合表达式为

$$U = 0.75 \left(1.4D + 1.7L \right) + 1.4E \tag{4.18}$$

式中：D、L 分别表示恒载与活载，E 为地震作用，三者均为名义值。

对应弯矩和轴力的设计值计算式分别为

$$M_d = 1.2 \left(1.05 a_1 g_k + 1.4 b_1 q_k \right) \tag{4.19}$$

$$N_d = 1.05 a_2 g_k + 1.4 b_2 g_k \tag{4.20}$$

式中：$g_k = D_k + 1.21L_k$；1.2 为美国规范中的柱端弯矩增大系数；1.05 和 1.4 分别为对应的荷载分项系数；其余变量的含义同式（4.15）和式（4.16）。

另外，对 RC 柱进行承载力设计时，还需考虑强度折减系数 φ，有 $\gamma_{RE} = 1/\varphi$。对于抗震要求端部箍筋加密的 RC 柱，此处按美国规范 ACI 318-05[3]中螺旋箍筋柱给出的 φ 取值范围为 0.7～0.9。具体为：对于受压破坏控制（compression controlled）截面取 0.7；对于受拉破坏控制（tension controlled）截面取 0.9；而介于两

种截面之间，即过渡型截面（transition）时，可按线性插值计算，具体计算式为

$$\varphi=0.70+0.20\ (d_t/C-5/3) \tag{4.21}$$

式中：C 为混凝土受压区高度，d_t 为受压边缘到最外层受拉钢筋合力点的距离。对于常用的低等级混凝土，有 $x=0.85C$。

由于大偏压 RC 柱的破坏情形，涵盖了美国规范中的受拉控制截面和过渡型截面情形，因而按美国规范设计时其选用的强度折减系数并非一定值，而且随受压区高度而变化，见式（4.21）；而在中国规范中，与强度折减系数作用相似的抗力设计系数（如承载力抗震调整系数和材料强度分项系数）却取为一定值。这是两国规范设计方法的主要区别。另外，对于常用的低等级混凝土，美国规范中受压区高度与等效矩形受压区高度的换算系数为 0.85，而在中国规范中该系数为 0.80。相关系数对比具体见表 4.1。

表 4.1　两国规范设计方法系数差异

规范	材料强度	γ_g	γ_q	η	γ_{RE}
中国规范	设计值	1.2	1.3	1.2~1.7	0.8
美国规范	名义值	1.05	1.4	1.2	$1/\varphi$

由于中、美两国结构设计规范均是以本国工程实践为基础而编制的，为一套完整的设计体系（涵盖编制背景、荷载取值、材料供应、抗力计算等），因此全面比较两国规范中大偏压 RC 柱抗震承载力设计方法的异同较为困难。

为此，以中国工程实践为背景，如大偏压 RC 柱抗震承载力设计的配筋率、轴压比限值等要求需满足中国规范相关规定，对比不同参数情形下中、美两国规范抗震承载力设计安全性的高低。

为准确描述各种设计实例的差异，仍采用前文引入的弯矩荷载效应比值 ρ_M、轴压力荷载效应比值 ρ_N；重力荷载对应的偏心距 e_g 和配筋率 ρ_s 等特征参数。为下文表述方便，列出其计算式分别为：

$$e_g=a_1/a_2 \tag{4.22}$$

$$\rho_s=A_s/\ (bh_0) \tag{4.23}$$

关于 ρ_M 取值，其范围一般为 0.5~5.0[6]。而对于 ρ_N 取值，相关资料较少。蒋友宝等[7-8]对 RC 框架结构分析发现，ρ_M 一般为 ρ_N 的数倍以上，因此 ρ_N 的取值范围为 -0.3~0.3。之所以 ρ_N 存在负值，是由于地震作用方向具有不确定性，在不利地震作用方向下柱截面可能会受拉。

对于重力荷载作用下柱截面偏心距 e_g，其会随柱的受力模式而变化，因而不同柱的 e_g 会有较大差异。此处考虑 $e_g=0.1h$ 和 $e_g=0.25h$ 两种情形。

大偏压 RC 柱的总配筋率需满足最小配筋率和最大配筋率要求。按 GB 50011—2010《建筑抗震设计规范》[5]，其最小总配筋率约为 0.6%，而最大总配筋率约为 5%。一般情形下，总配筋率为 1%~4%。若按对称配筋考虑，则当单侧配筋率在

0.5%～2.0%范围内时符合上述情形。因此，ρ_s 的取值范围为 0.5%～2.0%。

综上所述，各特征参数的取值结果见表 4.2。可知，不同 η 下均有 72 种组合情形。

表 4.2　特征参数取值

ρ_M	ρ_N	e_g/h	$\rho_s/\%$
1.0	−0.3	0.1	0.5
2.5	0	—	1.0，1.5
5.0	0.3	0.25	2.0

按 GB 50011—2010《建筑抗震设计规范》[5]，抗震等级为一至四级的 RC 框架柱的设计轴压比限值分别为 0.65、0.75、0.85 和 0.90。为方便比较，对于按中国规范情形各种抗震等级下的大偏压 RC 柱，轴压比限值统一取为 0.70。按美国规范情形，由于其采用混凝土强度标准值进行设计，因而对应的轴压比限值取为 0.50。文后抽样计算表明，按此限值考虑，各种情形下绝大部分失效样本点仍为大偏压失效。

对上述 72 种情形进行分析，有 42 种情形下设计轴压比会满足上述限值要求。因此，下文分析时仅考虑这 42 种情形，编号为 1～42，见表 4.3。

表 4.3　相关参数的组合

编号	e_g/h	$\rho_s/\%$	ρ_M	ρ_N	编号	e_g/h	$\rho_s/\%$	ρ_M	ρ_N	编号	e_g/h	$\rho_s/\%$	ρ_M	ρ_N
1	0.1	0.5	1.0	−0.3	15	0.1	1.5	5.0	−0.3	29	0.25	1.5	1.0	−0.3
2	0.1	0.5	1.0	0	16	0.1	1.5	5.0	0	30	0.25	1.5	1.0	0
3	0.1	0.5	2.5	−0.3	17	0.1	1.5	5.0	0.3	31	0.25	1.5	1.0	0.3
4	0.1	0.5	2.5	0	18	0.1	2.0	2.5	−0.3	32	0.25	1.5	2.5	−0.3
5	0.1	0.5	2.5	0.3	19	0.1	2.0	5.0	−0.3	33	0.25	1.5	2.5	0
6	0.1	0.5	5.0	0	20	0.1	2.0	5.0	0	34	0.25	1.5	2.5	0.3
7	0.1	1.0	1.0	−0.3	21	0.1	2.0	5.0	0.3	35	0.25	1.5	5.0	0.3
8	0.1	1.0	2.5	−0.3	22	0.25	0.5	1.0	0.3	36	0.25	2.0	1.0	−0.3
9	0.1	1.0	2.5	0	23	0.25	0.5	1.0	0.3	37	0.25	2.0	1.0	0
10	0.1	1.0	5.0	−0.3	24	0.25	1.0	1.0	−0.3	38	0.25	2.0	2.5	−0.3
11	0.1	1.0	5.0	0	25	0.25	1.0	1.0	0	39	0.25	2.0	2.5	0
12	0.1	1.0	5.0	0.3	26	0.25	1.0	1.0	0.3	40	0.25	2.0	2.5	0.3
13	0.1	1.5	2.5	−0.3	27	0.25	1.0	2.5	0	41	0.25	2.0	5.0	0
14	0.1	1.5	2.5	0	28	0.25	1.0	2.5	0.3	42	0.25	2.0	5.0	0.3

4.2.2　不同情形下抗震承载力设计对比

当大偏压 RC 柱截面轴压力为 N 时，其对应的受弯承载力 R_M 计算式为

$$R_{M} = f'_{y}A'_{s}\ (h_{0} - a'_{s})\ + N\left(\frac{h}{2} - \frac{N}{2\alpha_{1}f_{c}b} \right) \tag{4.24}$$

而当材料强度与截面轴压力均取设计值时，该截面受弯承载力设计值的表达式为

$$R_{Md} = f'_{yd}A'_{s}\ (h_{0} - a'_{s})\ + N_{d}\left(\frac{h}{2} - \frac{N_{d}}{2\alpha_{1}f_{cd}b} \right) \tag{4.25}$$

当按式（4.17）进行承载力设计验算时，弯矩设计值 M_d 应满足

$$M_{d} = \frac{1}{\gamma_{RE}}\left[\gamma_{RE}N_{d}\left(\frac{h}{2} - \frac{\gamma_{RE}N_{d}}{2\alpha_{1}f_{cd}b} \right) + f'_{yd}A'_{s}\ (h_{0} - a'_{s}) \right] \tag{4.26}$$

因此，联立计算式（4.15）、式（4.16）（中国规范）或者式（4.19）、式（4.20）（美国规范）和式（4.26），可得到柱的设计轴压力 N_d。

显然，当其他条件相同时，柱所对应的设计荷载越低，其承载安全性越高。为消除分项系数不同带来的影响，以重力荷载对应的轴力标准值来衡量所能承受荷载的大小，计算式为

$$N_{gk} = N_{d}/\ (\gamma_{g} + \gamma_{q}\rho_{N}) \tag{4.27}$$

同时，为直观对比各方法，以中国规范中 $\eta = 1.2$ 情形为比较基准，定义归一化的变量 r_N，计算式为

$$r_{N} = N_{gk,i}/N_{gk,1} \qquad (i = 1, \cdots, 5) \tag{4.28}$$

其中，i 取 $1, \cdots, 4$，分别代表中国规范中的 $\eta = 1.2$、$\eta = 1.3$、$\eta = 1.5$ 和 $\eta = 1.7$ 情形；$i = 5$ 代表美国规范情形。不同组合情形下，柱对应的 r_N 值如图 4.4 所示。

由图 4.4 可知，在中国规范的 4 种 η 值情形中，同一组合下 $\eta = 1.2$ 对应的设计荷载最高，安全性最低；而 $\eta = 1.7$ 对应的设计荷载最低，安全性最高。在绝大多数组合情形下，美国规范对应的设计荷载与中国规范 $\eta = 1.5$ 情形较接近，安全性大致相当。

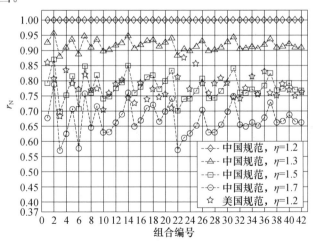

图 4.4 不同情形下 r_N 值变化

4.2.3 随机偏心距下大偏压柱可靠度参数分析

1. 考虑偏心距随机特性的失效方程

考虑偏心距的随机特性后，大偏压 RC 柱受弯承载力与截面轴压力相关，见式 (4.24)。此时，对应的失效方程[8]为

$$f'_y A'_s (h_0 - a'_s) + N\left(\frac{h}{2} - \frac{N}{2\alpha_1 f_c b}\right) - a_1 g - b_1 q = 0 \tag{4.29}$$

式中：$a_1 g$ 和 $b_1 q$ 分别为重力荷载和地震作用产生的弯矩。由式 (4.26) 求得 A'_s，将之代入式 (4.29) 中，然后利用式 (2.2)、式 (4.22)、式 (4.23) 化简，得到无量纲化的大偏压 RC 柱失效方程为

$$\frac{e_g}{h}\left[\frac{f'_y}{f'_{yd}}\gamma_{RE}\eta (\gamma_g + \gamma_q\rho_M) - \lambda_M\right] + \frac{\lambda_N}{2}\left(1 - \lambda_g\lambda_N\frac{f_{cd}}{f_c}\right) -$$
$$\frac{\gamma_{RE}f'_y}{2f'_{yd}}(\gamma_g + \gamma_q\rho_N)^2\left(\frac{1}{\gamma_g + \gamma_q\rho_N} - \gamma_{RE}\lambda_g\right) = 0 \tag{4.30}$$

式中：λ_g、λ_N 和 λ_M 为规则化变量，计算式分别为：

$$\lambda_g = N_{gk}/(\alpha_1 f_{cd}bh) \tag{4.31}$$
$$\lambda_N = g/g_k + \rho_N q/q_k \tag{4.32}$$
$$\lambda_M = g/g_k + \rho_M q/q_k \tag{4.33}$$

需要说明的是，当配筋率 ρ_s 和 M_d 给定时，可先按式 (4.26) 求得 N_d，按式 (4.27) 求得 N_{gk}，进而按式 (4.31) 求得 λ_g。

2. 基本变量的统计参数

考虑的随机变量为重力荷载 g、水平地震作用 q、钢筋屈服强度 f_y 和混凝土抗压强度 f_c，其统计参数见表 4.4。

表 4.4 随机变量统计参数

变量	分布类型	μ	δ	数据来源
f_c/f_{ck}	正态	1.41	0.19	文献 [9]
f_y/f_{yk}	正态	1.14	0.07	文献 [9]
g/g_k	正态	1.08	0.10	文献 [7]
q/q_k	极值 I 型	1.06	0.30	文献 [10]

由于计算模式和截面几何参数的不确定性程度较小，其变异系数一般不超过 0.05[9]，因此，在分析大偏压 RC 柱抗震承载力可靠度时不予考虑。

3. 可靠度分析结果

根据表 4.3 中各参数组合取值并结合无量纲化的失效方程式 (4.30)，采用 Monte Carlo 方法，计算得到按中美两国规范方法设计的大偏压 RC 柱抗震承载力可靠度随多个参数的变化规律，其结果如图 4.5 所示。

由图 4.5 可知，在同一组合情形下，按美国规范方法计算的可靠指标比按中

国规范方法 $\eta=1.2$ 和 $\eta=1.3$ 时计算的可靠指标高出许多。主要原因是中国规范方法中 γ_{RE} 为 0.8，取值较低；而在 42 种组合情形中，美国规范方法的 φ 值变化范围为 0.709～0.900，对应的 γ_{RE} 值变化范围为 1.11～1.41，另外，无论是中国规范方法还是美国规范方法，当柱端弯矩增大系数给定时，可靠指标均随 ρ_M、ρ_N、ρ_s 和 e_g 等参数取值的变化而出现较大幅度的波动。这表明美国规范方法中，φ 值按式（4.21）计算，随受压区高度变化的取值方法，并未能显著减小 42 种组合情形下可靠指标的波动变化程度。

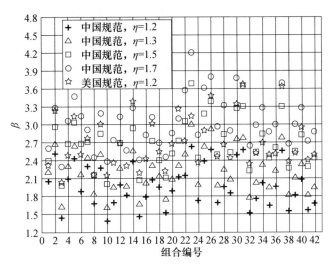

图 4.5　不同情形下可靠指标变化

为明确中、美两国规范方法的可靠度水平，将各 η 值对应的 42 种组合情形下可靠指标平均值、最小值和最大值，以及可靠指标最小值对应的最大失效概率 P_{f1} 和可靠指标最大值对应的最小失效概率 P_{f2} 之比列于表 4.5 中。

表 4.5　两国规范方法的可靠指标和失效概率对比

规范	η	β			P_{f1}/P_{f2}
		平均值	最小值	最大值	
中国	1.2	1.98	1.39	2.64	19.8
中国	1.3	2.22	1.63	3.01	40.0
中国	1.5	2.66	1.99	3.70	218.0
中国	1.7	3.05	2.31	4.21	837.1
美国	1.2	2.70	2.04	3.67	173.0

由表 4.5 和图 4.5 可知：按美国规范 $\eta=1.2$ 计算得到的可靠指标平均值、最小值和最大值均与中国规范 $\eta=1.5$ 时计算的结果较接近；当中国规范中的柱端弯矩增大系数提高时，大偏压 RC 柱失效概率随其余设计参数波动变化的幅度

会显著增加；当中美两国规范方法对应的可靠指标平均值高于 2.66 时，大偏压 RC 柱失效概率随各设计参数变化会出现高达数百倍差异的大幅度波动；在某些情形下按中国规范设计的 RC 大偏压柱的抗震承载力可靠度会低于其均值较多，如组合 3 和组合 10 等情形。

可见，考虑偏心距的随机性后，按中美两国规范方法设计的大偏压 RC 柱的抗震承载力可靠度随参数变化均会有较大幅度的波动，稳定性较差。

4.3 钢筋混凝土柱抗风承载力可靠度校准与设计改进

4.3.1 按中国规范设计的钢筋混凝土柱抗风承载力可靠度校准

1. 规范中的设计系数

对于竖向荷载（包括永久荷载 G 和可变荷载 Q）和水平风荷载 W 的基本组合，作用效应的设计值 M_d 和 N_d 可具体表示为

$$M_d = \gamma_G M_{Gk} + \gamma_Q \psi_Q M_{Qk} + \gamma_W M_W \tag{4.34a}$$

$$N_d = \gamma_G N_{Gk} + \gamma_Q \psi_Q N_{Qk} + \gamma_W N_W \tag{4.34b}$$

式中：按原中国规范 GB 50009—2012《建筑结构荷载规范》[11]可知 $\gamma_G = 1.2$，$\gamma_Q = 1.4$，$\gamma_W = 1.4$；G_k、Q_k 和 W_k 分别代表永久荷载、可变荷载和水平风荷载的标准值；如果风荷载为主导荷载，那么在等式（4.34a）和（4.34b）中，可变荷载作用应乘以适当的组合系数，一般取 $\psi_Q = 0.7$。

2. 设计特征参数取值

当柱的材料配置（即混凝土和钢筋级别）和截面尺寸给定时，柱截面配筋和承受的轴向力通常决定钢筋混凝土柱的抗弯能力。此处将配筋率和轴压比两个标准化参数定义为

$$N_{cr} = \alpha_1 f_c b x_b \tag{4.35}$$

$$\lambda_N = \frac{N_d}{N_{cr}} \tag{4.36}$$

$$\rho'_s = \frac{A_s}{bh} \tag{4.37}$$

式中：N_{cr} 是界限破坏时的设计轴向力，x_b 是中性轴高度。如果两个比率是确定的，那么设计弯矩 M_d 可以通过等式（4.38）求解。

$$Z(M_d, N_d, f_{cd}, f_{yd}, A_s, \cdots) = 0 \tag{4.38}$$

为了区分不同荷载效应下柱的差异，在可靠度分析中还经常引入弯矩和轴力两个比值，它们由下式给出

$$\rho_M = \frac{M_{Wk}}{(M_{Gk} + M_{Qk})} \tag{4.39}$$

$$\rho_{N}=\frac{N_{Wk}}{(N_{Gk}+N_{Qk})} \tag{4.40}$$

然后，每个荷载对应的弯矩和轴向力的标准值表示为

$$M_{Gk}=\frac{M_d}{\left[\gamma_G+\gamma_Q\psi_Q\dfrac{Q_k}{G_k}+\gamma_W\rho_M\left(1+\dfrac{Q_k}{G_k}\right)\right]} \tag{4.41}$$

$$N_{Gk}=\frac{N_d}{\left[\gamma_G+\gamma_Q\psi_Q\dfrac{Q_k}{G_k}+\gamma_W\rho_N\left(1+\dfrac{Q_k}{G_k}\right)\right]} \tag{4.42}$$

$$M_{Qk}=\frac{M_d}{\gamma_G+\gamma_Q\psi_Q\dfrac{Q_k}{G_k}+\gamma_W\rho_M\left(1+\dfrac{Q_k}{G_k}\right)}\frac{Q_k}{G_k} \tag{4.43}$$

$$N_{Qk}=\frac{N_d}{\gamma_G+\gamma_Q\psi_Q\dfrac{Q_k}{G_k}+\gamma_W\rho_N\left(1+\dfrac{Q_k}{G_k}\right)}\frac{Q_k}{G_k} \tag{4.44}$$

$$M_{Wk}=\frac{M_d\rho_M}{\gamma_G+\gamma_Q\psi_Q\dfrac{Q_k}{G_k}+\gamma_W\rho_M\left(1+\dfrac{Q_k}{G_k}\right)}\left(1+\frac{Q_k}{G_k}\right) \tag{4.45}$$

$$N_{Wk}=\frac{N_d\rho_N}{\gamma_G+\gamma_Q\psi_Q\dfrac{Q_k}{G_k}+\gamma_W\rho_N\left(1+\dfrac{Q_k}{G_k}\right)}\left(1+\frac{Q_k}{G_k}\right) \tag{4.46}$$

将等式（4.41）至式（4.46）代入，标准荷载偏心距 $e'=\dfrac{e}{e_d}$ 可改写为

$$e'=\frac{\left[\dfrac{G}{G_k}+\dfrac{Q_k}{G_k}\dfrac{Q}{Q_k}+\rho_M\left(1+\dfrac{Q_k}{G_k}\right)\dfrac{W}{W_k}\right]\left[\gamma_G+\gamma_Q\psi_Q\dfrac{Q_k}{G_k}+\gamma_W\rho_N\left(1+\dfrac{Q_k}{G_k}\right)\right]}{\left[\dfrac{G}{G_k}+\dfrac{Q_k}{G_k}\dfrac{Q}{Q_k}+\rho_N\left(1+\dfrac{Q_k}{G_k}\right)\dfrac{W}{W_k}\right]\left[\gamma_G+\gamma_Q\psi_Q\dfrac{Q_k}{G_k}+\gamma_W\rho_M\left(1+\dfrac{Q_k}{G_k}\right)\right]} \tag{4.47}$$

从方程（4.47）可知，荷载变量的随机特性和两个标准化比率参数：ρ_M 和 ρ_N 对 e' 的随机特性有显著影响。

为了对中国规范下钢筋混凝土框架柱抗风可靠度进行分析，本文采用的钢筋混凝土柱基本参数如表4.6所示。

表4.6 柱的参数信息

b/mm	h/mm	a_s/mm	f_{ck}/MPa	f_{yk}/MPa
400	400	40	26.8	400

由式（3.1）知钢筋混凝土柱极限状态方程，由式（4.47）知标准化随机偏心距 e'。对于混凝土结构，Q_k/G_k 一般取值 1.0。为了简化起见，在以下分析中假设 $Q_k/G_k=1.0$。众所周知，当抗力和荷载的随机特性都给定时，钢筋混凝土柱的可靠度很大程度上取决于 ρ_s，λ_N，ρ_M 和 ρ_N 的值。根据前文对多种典型框架结构方案的分析结果和设计实践的要求，初步确定了这些标准化设计参数的常用取

值范围，见表 4.7。

表 4.7 标准化设计参数的范围

ρ_M	No. 1～No. 24		
	λ_N	ρ_s	ρ_N
[1.0, 4.0]	[0.5, 2.0]	[1%, 2%]	[−0.15, 0.15]

在本研究中，分别为 λ_N，ρ_s 和 ρ_N 选择了 3 个、2 个和 4 个代表值，小计 24 种组合，见表 4.8。此外，考虑了 3 个有代表性的 ρ_M 值（$\rho_M=1.0$，2.5，4.0）。因此，总共包括 72 种情况。

表 4.8 24 种情况下的设计参数值

No.	λ_N	ρ_s	ρ_N	No.	λ_N	ρ_s	ρ_N
1	0.5	1%	−0.15	13	1.0	2%	−0.15
2	0.5	1%	−0.05	14	1.0	2%	−0.05
3	0.5	1%	0.05	15	1.0	2%	0.05
4	0.5	1%	0.15	16	1.0	2%	0.15
5	0.5	2%	−0.15	17	2.0	1%	−0.15
6	0.5	2%	−0.05	18	2.0	1%	−0.05
7	0.5	2%	0.05	19	2.0	1%	0.05
8	0.5	2%	0.15	20	2.0	1%	0.15
9	1.0	1%	−0.15	21	2.0	2%	−0.15
10	1.0	1%	−0.05	22	2.0	2%	−0.05
11	1.0	1%	0.05	23	2.0	2%	0.05
12	1.0	1%	0.15	24	2.0	2%	0.15

3. 可靠度分析

指定设计参数后，可根据表 4.9 中给出的统计数据计算钢筋混凝土柱的可靠性。极限状态函数的复杂特性如式（3.1b）所示。可靠度计算采用 Monte Carlo 方法。在本研究中，使用 Monte Carlo 方法的主要目的是搜索设计点，而不是记录失效次数。

表 4.9 随机变量的统计信息

荷载名称	分布类型	均值	变异系数
恒荷载	正态分布	1.06	0.07
风荷载	极值 Ⅰ 型分布	0.999	0.195
活荷载	极值 Ⅰ 型分布	0.706	0.292
f_c	正态分布	1.41	0.19
f_y	正态分布	1.14	0.07

主要步骤如图 4.6 所示。为了获得准确的可靠度结果,每一种情况都选择足够大的采样数(大多数情况下为 10^7)。另外,对得到的可靠度结果与另一种方法进行了比较。该方法在 $m-1$ 维随机变量空间中,对每个随机变量的感兴趣区间内选取均匀分布的 50 个节点来搜索设计点,从而得到失效面上 50^{m-1} 个点,计算每个点到原点的距离,并记录距离最小的点作为可靠指标。两种方法给出的可靠度结果吻合较好。

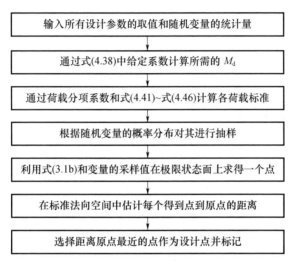

图 4.6 随机偏心距情况下可靠度计算流程

利用图 4.6 中的流程图、表 4.6 参数和表 4.9 中的随机变量统计信息,计算了不同轴压比情况下的可靠指标,结果如图 4.7 所示。

由图 4.7 可知,随机偏心距情况下钢筋混凝土框架柱可靠度受不同 λ_N,ρ_s,ρ_N 及 ρ_M 值的影响显著,且在一个较大的范围内波动(2.65~4.94)。

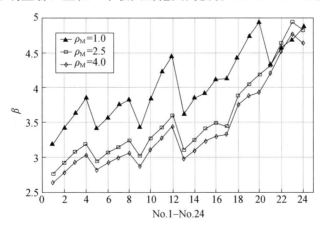

图 4.7 随机偏心距下的可靠指标

4.3.2 按欧洲规范设计的钢筋混凝土柱抗风承载力可靠度校准与改进

1. 规范中的设计系数

按欧洲规范,设计抗力和荷载效应的基本表达式如下

$$E_d \leqslant R_d \tag{4.48}$$

式中:E_d代表荷载效应设计值;R_d代表结构承载能力设计值。竖向荷载(包括永久荷载 G 和可变荷载 Q)和水平荷载 W 的基本组合,作用效应的设计值 M_d 和 N_d 可具体表示为式(4.34),其中 $\gamma_G = 1.35$,$\gamma_Q = 1.5$,$\gamma_W = 1.5$;G_k、Q_k 和 W_k 分别代表永久荷载、可变荷载和水平荷载的标准值;如果水平荷载为主导荷载,那么在等式(4.34a)和式(4.34b)中,可变荷载作用应乘以适当的组合系数,一般取 $\psi_Q = 0.7$。

2. 设计特征参数取值

为了对欧洲规范下钢筋混凝土框架柱可靠度进行分析,本文采用钢筋混凝土柱基本参数见表 4.10。

表 4.10 柱的参数信息

b/mm	h/mm	a_s/mm	f_{cn}/MPa	f_{yn}/MPa
500	500	40	25	400

在表 4.11 标准化设计参数的范围基础上,本研究中分别为 ρ_s、ρ_M 和 ρ_N 选择了 2 个、3 个和 4 个典型值,见表 2.13。同样,3 个典型的 λ_N 值,λ_N 为 0.5、1.0 和 2.0,分别被考虑用于大偏压破坏设计情况、界限破坏设计情况和小偏压破坏设计情况,以及 2 个典型的 Q_k/G_k 值,$Q_k/G_k = 1.0$ 和 1.5,分别被考虑用于大偏压破坏设计情况、界限破坏设计情况和小偏压破坏设计情况。因此,总共有 144 种情形。对于抗力变量,f_c 和 f_y 被视为随机变量,由于它们的变异系数值较大,对柱的可靠性将有很大影响。其他抗力变量(例如,柱截面的尺寸)被认为是确定性的,因为它们变异系数较小,并且对可靠性没有显著影响。

表 4.11 标准化设计参数的范围

Q_k/G_k	λ_N	No. 1~No. 24		
		ρ_M	ρ_s	ρ_N
[1.0, 1.5]	[0.5, 2.0]	[1.0, 4.0]	[1%, 2%]	[−0.15, 0.15]

3. 可靠度分析

指定设计参数后,钢筋混凝土柱的可靠性可根据表 2.8 和表 4.12 中的统计数据进行计算。仍依照如图 4.6 的流程图计算了随机偏心距情况下考虑不同轴压比的可靠指标。为了进行比较,还计算了固定偏心距情况下的相应可靠指标。最后,所有获得的结果如图 4.8 所示。

表 4.12　抗力变量统计参数

变量	分布类型	均值	COV
f_c/f_{ck}	对数正态分布	1.50	0.183
f_y/f_{yk}	对数正态分布	1.10	0.06
R/R_k	对数正态分布	1.28	0.15

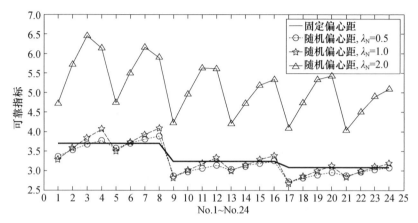

图 4.8　随机偏心距或固定偏心距准则下的可靠指标

　　根据规范设计方法，如果使用固定偏心距准则，可靠指标在 3.09 到 3.70 之间变化，只是随 ρ_M 值不同而变化。但是，如果考虑随机偏心距准则，可靠指标将在一个更大范围内波动变化，特别是对于 $\lambda_N=2.0$ 的情况。对于 72 种情况，可靠指标最大值和最小值分别为 6.44 和 2.68。

　　在图 4.8 中，基于随机偏心距准则的可靠指标在某些情况下可能低于基于固定偏心距准则的可靠指标，或者在其他情况下高于基于固定偏心距准则的可靠指标。对于一些设计为大偏压破坏的柱（λ_N 不大于 1.0），可能出现较低的可靠指标（如 17 号组合，可靠指标为 2.71，小于 3.8），特别是当 ρ_M 较大时。对于涉及风荷载的组合，即使按固定偏心距准则也可能会出现可靠度较低的情况。

4. 基于稳健性的改进设计方法

　　众所周知，恒定的荷载和抗力系数通常会导致不同设计参数情况下可靠度变化很大；因此，应该对它们进行改进，以实现更可靠的设计。对于设计使用寿命为 50 年的钢筋混凝土柱，欧洲规范中受拉破坏和受压破坏柱的目标可靠度通常为 3.8。如果同样的目标可靠度也被采用，即假定受拉破坏柱的 $\beta_T=3.8$（如 λ_N 为 0.5 和 1.0 的低可靠度情况），那么规范中使用的恒定设计系数（如荷载系数、抗力系数）需要改进以达到这个目标。为了与规范保持一致并便于应用，可仅改进风荷载系数 γ_w，其他设计系数（如 γ_G 和 γ_Q）仍保持不变。

　　以 0.05 为步长，并从 1.2 至 2.5 的暂定范围来搜索最佳 γ_w。该最佳 γ_w 通常最接近目标可靠性指标 3.8。在 48 种不同的情况下（即 No. 1～No. 24，λ_N＝0.5 和 1.0），最佳的 γ_w 值如图 4.9 所示。

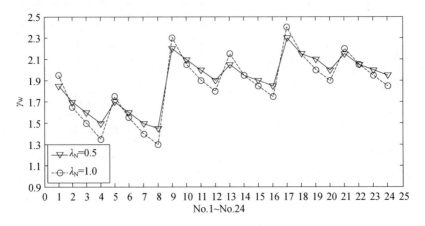

图 4.9 不同情况下的 γ_w 建议值

可以看出，最佳 γ_w 值不是常数，而从 1.3 到 2.4 变化不等。然而，在欧洲规范中，柱设计采用恒定值 1.5。为了进行比较，对总共 48 种情况进行了这两种设计方法（即非恒定和恒定 γ_w 系数）的可靠性评估，结果见表 4.13。结果表明，采用推荐值的设计方法可以在 48 种情况下实现更稳健的可靠度设计，使变异系数值更小，更接近目标可靠度 3.8。

表 4.13 48 种不同 γ_w 系数可靠度评估

γ_w	β_{max}	β_{mean}	β_{min}	COV
规范值	4.10	2.69	3.25	0.114
推荐值	3.83	3.80	3.76	0.005

4.3.3 按美国规范设计的钢筋混凝土柱抗风承载力可靠度校准与改进

1. 规范中的设计系数

美国规范中强度设计的基本要求由下式表示：

$$R_d＝\varphi R_n \geqslant U_d \tag{4.49}$$

式中：R_d 和 R_n 分别为设计强度和名义强度。U_d 为设计所需强度，与轴力和弯矩（M_d 和 N_d）相关；φ 为强度折减系数。

在设计钢筋混凝土柱时，控制荷载组合通常被确定为具有最大弯矩的组合。一般垂直作用产生的轴向力是压力。而水平作用产生的轴向力，由于方向不确定，要么是压力，要么是拉力。如果水平作用产生的轴向力是拉力，则应加上一个负值来计算荷载组合中的总轴向力。因此，无论水平作用产生的轴向力是压力还是拉力，所需的总强度都是各项的总和。

例如，对于竖向荷载（包括恒载 D 和活载 L）和水平风荷载 W 的基本荷载组合，总设计弯矩和轴向力由下式给出

$$M_d = \gamma_D M_{D_n} + \gamma_L M_{L_n} + \gamma_W M_{W_n} \tag{4.50a}$$

$$N_d = \gamma_D N_{D_n} + \gamma_L N_{L_n} + \gamma_W N_{W_n} \tag{4.50b}$$

式中：$\gamma_D = 1.2$，$\gamma_L = 1.6$，$\gamma_W = 1.0$；D_n、L_n 和 W_n 分别代表永久荷载、可变荷载和水平风荷载的标准值。

需要说明的是，强度折减系数的值在不同情况下变化很大。此处依据旧版美国规范[3]，对于受压破坏截面（即 $x_c/d_t > 0.6$）和受拉破坏截面（即 $x_c/d_t < 0.375$），它们分别为 0.65 和 0.90；对于过渡截面它可以通过线性插值来确定，该线性插值表示为

$$\varphi = 0.65 + 0.25 (d_t/x_c - 5/3) \tag{4.51}$$

2. 设计特征参数取值

为了说明钢筋混凝土柱的设计强度和标准强度之间的差异，考虑了两个不同钢筋面积的柱，见表 4.14。基于规范，有 $f_c = 20.7\text{MPa}$，$f_y = 413.8\text{MPa}$，结果如图 4.10 所示。

表 4.14　不同柱的参数

No.	b/mm	h/mm	a_s/mm	A_s/mm²	f_{cn}/MPa	f_{yn}/MPa
C-A1	450	450	50	2040	20.7	413.8
C-A2	450	450	50	3060	20.7	413.8

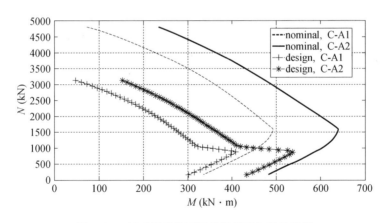

图 4.10　基于规范的不同柱的标准和设计强度

对于混凝土结构，L_n/D_n 一般取值 1.0[12]。为了简化起见，在以下分析中假设 $L_n/D_n = 1.0$。在表 4.7 标准化设计参数的范围基础上，本研究中，分别为 λ_N、ρ_s 和 ρ_N 选择了 3 个、2 个和 4 个代表值，见表 4.15。还考虑了三个有代表性的 ρ_M 值（$\rho_M = 1.0，2.5，4.0$）。因此，总共包括 72 种情况。

表 4.15　24 种情况下的设计参数值

No.	λ_N	ρ_s	ρ_N	φ	No.	λ_N	ρ_s	ρ_N	φ
1	0.5	1%	−0.15	0.9	13	1.0	2%	−0.15	0.66
2	0.5	1%	−0.05	0.9	14	1.0	2%	−0.05	0.66
3	0.5	1%	0.05	0.9	15	1.0	2%	0.05	0.66
4	0.5	1%	0.15	0.9	16	1.0	2%	0.15	0.66
5	0.5	2%	−0.15	0.9	17	2.0	1%	−0.15	0.65
6	0.5	2%	−0.05	0.9	18	2.0	1%	−0.05	0.65
7	0.5	2%	0.05	0.9	19	2.0	1%	0.05	0.65
8	0.5	2%	0.15	0.9	20	2.0	1%	0.15	0.65
9	1.0	1%	−0.15	0.66	21	2.0	2%	−0.15	0.65
10	1.0	1%	−0.05	0.66	22	2.0	2%	−0.05	0.65
11	1.0	1%	0.05	0.66	23	2.0	2%	0.05	0.65
12	1.0	1%	0.15	0.66	24	2.0	2%	0.15	0.65

3. 可靠度分析

指定设计参数后，可根据表 4.16 中给出的统计数据计算钢筋混凝土柱的可靠性。依照如图 4.6 的流程图，计算了随机偏心距情况下的不同轴压比时的可靠度。为了进行比较，还计算了固定偏心距准则下的相应可靠度，并考虑了两种不同概率模型 MA1、MA2。两种概率模型的荷载部分一致，仅抗力数据不同。最后，所有获得的结果如图 4.11 所示。

表 4.16　随机变量的统计

变量	分布类型	均值	变异系数	模型
D/D_n	Normal	1.05	0.10	MA1/MA2
L/L_n	Gamma	0.24	0.65	MA1/MA2
W/W_n	Type-I-Largest	0.78	0.37	MA1/MA2
f_c/f_{cn}	Normal	1.18	0.18	MA1
f_c/f_{cn}	Normal	1.35	0.10	MA2
f_y/f_{yn}	Normal	1.125	0.10	MA1
f_y/f_{yn}	Normal	1.145	0.05	MA2
R/R_n	Normal	1.107	0.136	MA1
R/R_n	Normal	1.260	0.107	MA2

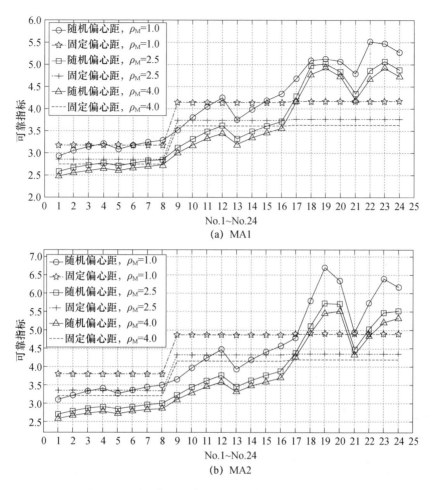

图 4.11　随机偏心距或固定偏心距准则下的可靠指标

如果使用规范中固定偏心距准则，对于 MA1 和 MA2 两种概率模型，可靠度只随 ρ 和 λ_N（φ 随 λ_N 变化）的不同值而变化。与 MA2 模型相比，MA1 模型对应的可靠度较低。这是因为与 MA2 相比，MA1 具有更低的抗力变量平均值和更大的变异系数。

然而，如果考虑随机偏心距准则，MA1 和 MA2 的可靠指标因情况而异。例如，MA1 的最大值和最小值分别为 5.51 和 2.47；MA2 的最大值和最小值分别为 6.71 和 2.59。

在一些大偏压情况下（No.1～No.16），可能会出现可靠度较低的情况，特别是在 ρ_M 较大的情况下。即使对于按固定偏心距准则计算的结果，风荷载组合下也有可靠度较低的情况。

4. 基于稳健性的改进设计方法

对于受拉破坏的钢筋混凝土构件（如钢筋混凝土梁），目标可靠度通常为 3.5。

如果同样的目标可靠度也被采用，即假定受拉破坏柱的 $\beta_T = 3.5$（例如，No. 1～No. 16 情况），那么规范中使用的设计系数（例如，荷载系数、强度折减系数）需要改进以达到这个目标。为了与规范保持一致并便于应用，假设仅风荷载系数 γ_w 被改进，其他设计系数仍保持不变，因为风荷载的随机性对可靠度的影响较大。

考虑 γ_w 从 0.8 到 2.5 的暂定范围内变化，步长为 0.05。不断进行可靠度计算。一般来说，最佳 γ_w 应是最接近可靠指标目标值 3.5 的那个。不同情况下（仅 No. 1～No. 16）获得的最佳 γ_w 值，如图 4.12 所示。

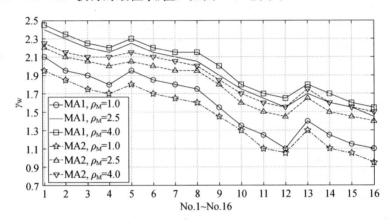

图 4.12　不同情况下 γ_w 的推荐值

结果表明，最佳 γ_w 不是常数，随着 ρ_M 的增加而增加。对 MA1 模型，其 γ_w 值处于 1.1～2.45 范围内，对 MA2 模型，其 γ_w 值处于 0.95～2.25 范围内。但是，在 ACI 2008 规范中，γ_w 采用了恒定值 1.6 进行设计。为了进行比较，对总共 48 种情况（即 No. 1～No. 16 和 3 个 ρ_M）进行了这两种设计方法（即非常数和常数 γ_w 设计）的可靠性评估，结果见表 4.17。

表 4.17　48 种不同 γ_w 取值方法的可靠性对比

γ_w	MA1				MA2			
	β_{max}	β_{mean}	β_{min}	COV	β_{max}	β_{mean}	β_{min}	COV
规范值	4.33	3.21	2.47	0.15	4.57	3.36	2.59	0.15
推荐值	3.57	3.50	3.45	0.008	3.56	3.50	3.44	0.009

结果表明，采用推荐值的设计方法可以在 48 种情况下实现更稳健的可靠度设计，因为它具有较小的 COV 且更接近目标可靠度 3.5 的值。

参考文献

[1] 中华人民共和国住房和城乡建设部. 混凝土结构设计规范（2015 年版）：GB 50010—2010 [S]. 北京：中国建筑工业出版社，2010.

［2］EN 1992-1-1：2004（2004）Design of concrete structures—part1.1：general rules and rules for buildings.

［3］ACI（American Concrete Institute）.（2005）."Building code requirements for structural concrete and commentary."ACI318-05，Farmington Hills，MI.

［4］贡金鑫，魏巍巍，胡家顺. 中美欧混凝土结构设计［M］. 北京：中国建筑工业出版社，2007：74-117.

［5］中华人民共和国住房和城乡建设部. 建筑抗震设计规范（2016年版）：GB 50011—2010［S］. 北京：中国建筑工业出版社，2010.

［6］高小旺，魏琏，韦承基. 现行抗震规范可靠度水平的校准［J］. 土木工程学报，1987，20（2）：10-20.

［7］蒋友宝，杨毅，杨伟军. 基于弯矩和轴力随机相关特性的RC偏压构件可靠度分析［J］. 建筑结构学报，2011，32（8）：106-112.

［8］蒋友宝，廖国宇，谢铭武. 钢筋混凝土框架柱和轻钢拱结构失效方程复杂特性与设计可靠度［J］. 建筑结构学报，2014，35（4）：192-198.

［9］张新培. 建筑结构可靠度分析与设计［M］. 北京：科学出版社，2001：1-107.

［10］高小旺，鲍蔼斌. 地震作用的概率模型及其统计参数［J］. 地震工程与工程振动，1985，5（1）：13-22.

［11］中华人民共和国住房和城乡建设部. 建筑结构荷载规范（2012年版）：GB 50009—2012［S］. 北京：中国建筑工业出版社，2012.

［12］Ellingwood Bruce R. Development of a probability based load criterion for American national standard A58［S］. NBS Special Publication 577，National Bureau of Standards，Washington，DC.

5 考虑柱偏心距随机特性的钢筋混凝土框架 "强柱弱梁" 可靠度设计改进与验证

5.1 考虑柱偏心距随机特性的钢筋混凝土框架 "强柱弱梁" 设计可靠度

5.1.1 钢筋混凝土框架 "强柱弱梁" 设计方法

由 GB 50011—2010《建筑抗震设计规范》[1]可知，对于一～四级抗震等级的框架梁柱节点，除框架顶层和柱轴压比小于 0.15 及框支梁与框支柱的节点外，柱端组合的弯矩设计值应符合下式要求：

$$\sum M_c = \eta_c \sum M_b \tag{5.1}$$

式中：$\sum M_c$ 为节点上、下柱端截面顺时针或反时针方向组合的弯矩设计值之和；$\sum M_b$ 为节点左、右梁端截面反时针或顺时针方向组合的弯矩设计值之和；η_c 为柱端弯矩增大系数，一、二、三、四级框架可分别为 1.7、1.5、1.3、1.2。

对于一级框架结构和设防烈度 9 度的一级框架结构，可不符合式（5.1）要求，但是应符合下式要求：

$$\sum M_c = 1.2 \sum M_{bua} \tag{5.2}$$

式中：$\sum M_{bua}$ 为节点左、右梁端截面反时针或顺时针方向实配的正截面抗震受弯承载力所对应的弯矩值之和，并根据实配钢筋面积（计入梁受压钢筋和相关楼板钢筋）和材料强度标准值确定。

5.1.2 双筋截面梁柱抗力精细分析模型

1. 材料本构关系

由 GB 50010—2010《混凝土结构设计规范》[2]可知，混凝土材料的应力与应变关系曲线由上升段和水平段组成，如图 5.1 所示。其中 f_c 和 ε_0 分别为混凝土峰值应力及其对应的应变，ε_{cu} 为极限应变。

对于上升段，即当 $\varepsilon_c \leqslant \varepsilon_0$ 时，有

$$\sigma_c = f_c \left[1 - \left(1 - \frac{\varepsilon_c}{\varepsilon_0} \right)^n \right] \tag{5.3}$$

对于水平段，即当 $\varepsilon_0 < \varepsilon_c \leqslant \varepsilon_{cu}$ 时，有

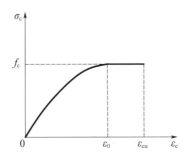

图 5.1　混凝土应力-应变曲线

$$\sigma_{c} = f_{c} \tag{5.4}$$

$$n = 2 - \frac{1}{60}(f_{cu,k} - 50) \tag{5.5}$$

$$\varepsilon_{0} = 0.002 + 0.5 \times (f_{cu,k} - 50) \times 10^{-5} \tag{5.6}$$

$$\varepsilon_{cu} = 0.0033 - (f_{cu,k} - 50) \times 10^{-5} \tag{5.7}$$

式中：ε_{0} 值小于 0.002 时，取为 0.002；ε_{cu} 值大于 0.0033 时，取为 0.0033；$f_{cu,k}$ 为混凝土立方体抗压强度标准值；n 为系数，当计算的 n 值大于 2.0 时，取为 2.0。

纵向钢筋的应力与应变关系曲线如图 5.2 所示，其表达式为：

当 $\varepsilon_{s} \leqslant \varepsilon_{y}$ 时，

$$\sigma_{s} = \varepsilon_{s} E_{s} \tag{5.8}$$

当 $\varepsilon_{s} > \varepsilon_{y}$ 时，

$$\sigma_{s} = f_{y} \tag{5.9}$$

式中：E_{s} 为钢筋的弹性模量，取为 200GPa；ε_{y} 为钢筋的屈服应变，$\varepsilon_{y} = f_{y}/E_{s}$。

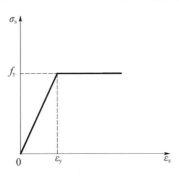

图 5.2　钢筋应力-应变曲线

2. 混凝土等效矩形应力图

由于混凝土材料的离散性，其本构关系具有随机性，如本构关系曲线中的峰值应力 f_{c}、峰值应变 ε_{0} 和极限应变 ε_{cu} 等关键参数均为随机变量。当考虑参数的随机性后，若采用单一换算系数的混凝土等效矩形应力图计算梁柱承载力，会产生误差。原因在于等效矩形受压区的应力换算系数 α_1 和高度系数 β_1 会发生变化。为准确计算 RC 框架梁柱的抗力，可以采取积分的方法求解 α_1 和 β_1，其计算简图如图 5.3 所示，C 为受压区混凝土的合力。

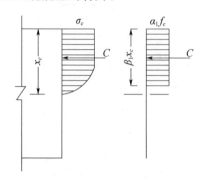

图 5.3　混凝土压力计算模型

由等效矩形受压区合力和实际受压区合力相等条件，可得到如下关系式：

$$\int_0^{x_c} \sigma_c b \, \mathrm{d}x = \alpha_1 f_c b \beta_1 x_c \tag{5.10}$$

同理，由等效矩形受压区合力作用点和实际受压区合力作用点相同的条件，可以得到如下关系式：

$$x_c - \frac{1}{2}\beta_1 x_c = \frac{\int_0^{x_c} \sigma_c b x \, \mathrm{d}x}{\int_0^{x_c} \sigma_c b \, \mathrm{d}x} \tag{5.11}$$

联立上述公式，可准确求得 α_1 和 β_1，对于 C50 及以下混凝土其计算式为：

$$\beta_1 = \frac{6\varepsilon_{cu}^2 + \varepsilon_0^2 - 4\varepsilon_0\varepsilon_{cu}}{6\varepsilon_{cu}^2 - 2\varepsilon_0\varepsilon_{cu}} \tag{5.12}$$

$$\alpha_1 = \frac{3 - \varepsilon_0/\varepsilon_{cu}}{3\beta_1} \tag{5.13}$$

3. 梁柱截面抗力精细模型

根据钢筋和混凝土的本构关系，以及由上节得到的 α_1 和 β_1，可以推导得到梁柱截面抗力的精细计算模型，以 RC 柱为例说明。

当给定柱截面尺寸和配筋时，RC 柱受弯承载力取决于截面混凝土受压区高度。而根据混凝土受压区高度的不同，受拉钢筋和受压钢筋的受力状态分为以下四种情形：1）情形 1，受压钢筋屈服，受拉钢筋不屈服；2）情形 2，受压、受拉钢筋均屈服；3）情形 3，受压钢筋不屈服，受拉钢筋屈服；4）情形 4，受压、受拉钢筋均不屈服。由于很难预判受压和受拉钢筋的受力状态，因此，需假定符合其中的某一种情形，然后判定该情形是否成立。具体计算时，可对上述 4 种情形逐一计算，分别求出 4 种情形下柱的抗力。根据平衡方程解的唯一性，必有一种情形为真，则该情形对应的抗力值即为真实解。

以第 4 种情形为例,给出受压区高度的求解过程,其他 3 种情形类似。柱截面的应变分布如图 5.4 所示。

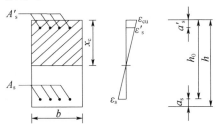

图 5.4　柱截面上应变分布

根据平截面假定,受压和受拉钢筋应力可分别计算,其表达式为:

$$\sigma'_s = E_s \frac{\varepsilon_{cu}}{x_c} (x_c - a'_s) \tag{5.14}$$

$$\sigma_s = E_s \frac{\varepsilon_{cu}}{x_c} (h_0 - x_c) \tag{5.15}$$

式中:σ'_s 为受压钢筋应力。将式(5.14)和式(5.15)代入轴向力平衡方程(4.2),可以得到关于 x_c 的一元二次方程,即

$$\alpha_1 f_c b \beta_1 x_c^2 + 2 A_s E_s \varepsilon_{cu} x_c - E_s \varepsilon_{cu} A_s h = N \tag{5.16}$$

解方程(5.16)可以得到 x_c。将 x_c 代入式(5.14)和式(5.15)求解 σ_s 和 σ'_s,若符合第 4 种情形则为真,x_c 即为柱的实际受压区高度,进而确定该情形下柱的抗力。

另外,当地震作用在柱截面上产生的轴向拉力大于其自重时,柱会由偏压构件变为偏拉构件,根据 GB 50010—2010,对于对称配筋矩形截面的偏拉构件,其承载力计算式为:

$$M = f_y A_s (h_0 - a_s) - N \left(\frac{h}{2} - a'_s \right) \tag{5.17}$$

分别采用上述精细抗力计算方法和 GB 50010—2010 中计算方法对某框架柱进行承载力对比分析。RC 柱的截面尺寸和配筋见表 5.1,所得到的 M-N 曲线如图 5.5 所示。由图 5.5 可以看出,在偏拉情形下,两种方法得到的曲线一致;而当柱为偏压破坏时,精细承载力模型计算结果略小于规范方法得到的受弯承载力值。这是因为无论是大偏压还是小偏压情形,GB 50010—2010 中均采用了简化的关系式计算受弯承载力,如对于 C50 以下混凝土,统一取 $\alpha_1 = 1.0$ 和 $\beta_1 = 0.8$,而不是按式(5.12)、式(5.13)进行计算,从而造成规范计算方法与精细抗力计算方法得到的承载力会有偏差。

表 5.1　某框架柱的设计参数

f_c/MPa	f_y/MPa	b/mm	h/mm	a_s/mm	A'_s/mm²
19.1	360	500	500	40	1400

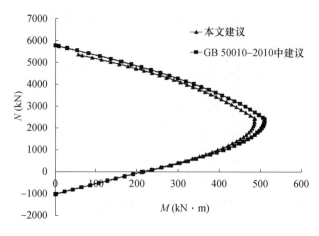

图 5.5　*M-N* 关系曲线

　　将 RC 梁作为柱特例进行分析，即视梁为无轴压力的柱。因此，计算梁抗力时也可以分上述 4 种情形分别讨论。通过上述方法，也可以计算得出梁的截面抗力。

5.1.3 "强柱弱梁"可靠度分析

1. 框架结构模型

　　算例为一个质量和刚度皆均匀、规则的框架结构，场地类型为 Ⅱ 类场地，第一设计地震分组，设防烈度分别为 8 度 $0.3g$、8 度 $0.2g$、7 度 $0.15g$ 与 6 度 $0.05g$，对其进行抗震设计，结构平面布置如图 5.6 所示。楼面恒载、活载标准值分别为 4.0kN/m^2、2.0kN/m^2；上人屋面，其恒载、活载标准值分别为 5.0kN/m^2 和 2.0kN/m^2；对于一、二级框架，楼面恒载不包括板自重，对于三、四级框架，楼面恒载包括板自重；对各楼层的外围框架梁施加 8.2kN/m 的均布线荷载以考虑填充墙的影响；屋面外围施加 3.5kN/m 的均布线荷载以考虑女儿墙的影响。底层层高为 4.2m，其余层层高为 3.3m。结构主要参数见表 5.2。

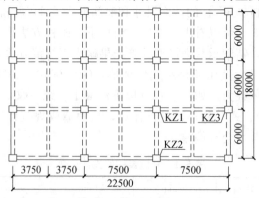

图 5.6　某混凝土框架平面

表 5.2 结构主要参数

抗震等级	烈度	层数（总高度）	柱/mm	主梁/mm	次梁/mm	板/mm	混凝土强度	纵筋强度
一	8 (0.3g)	8 (27.3m)	600×600	300×700	250×600	100	C40	HRB400
二	8 (0.2g)	7 (24m)	600×600	300×700	250×600	100	C40	HRB400
三	7 (0.15g)	7 (24m)	500×500	300×550	250×500	100	C30	HRB335
四	6 (0.05g)	7 (24m)	500×500	300×550	250×500	100	C30	HRB335

2. 特征参数取值说明

定义梁端截面的底面和顶面纵向钢筋配筋量的比值为 ρ，其计算式为

$$\rho = A'_s / A_s \tag{5.18}$$

由 GB 50011—2010 可知，一级框架中 ρ 不小于 0.5，二、三级框架中 ρ 不应小于 0.3。为简化计算，ρ 统一取 0.5、0.75、1.0。

已有研究表明[3-6]，影响 RC 柱可靠性的主要参数有设计轴压比 n_c、轴力荷载效应比值 ρ_N 等，其中，柱设计轴压比 n_c 的计算式为：

$$n_c = \frac{N_d}{\alpha_1 f_c bh} \tag{5.19}$$

分析时 n_c 考虑 0.3、0.4、0.6 三种情形，其中 N_d 为柱组合轴压力设计值，计算式为

$$N_d = \gamma_g N_{gk} + \gamma_q N_{qk} \tag{5.20}$$

式中：γ_g 和 γ_q 分别为重力荷载和地震作用对应的分项系数；N_{gk} 和 N_{qk} 分别为重力荷载和地震作用产生的轴压力标准值。

轴压力荷载效应比值 ρ_N 的计算式为

$$\rho_N = N_{qk} / N_{gk} \tag{5.21}$$

通过统计模型中代表性柱 KZ1、KZ2、KZ3 在不同设防烈度下的轴压力荷载效应比值，可知 ρ_N 取值范围较大，高烈度设防区其值为 $-0.33 \sim 0.33$，低烈度设防区其值为 $-0.13 \sim 0.13$。结合文献[7]，分析中 ρ_N 取值分别为 -0.3、-0.15、0、0.15、0.3。

对于一级框架结构，当柱分别采用式（5.1）和式（5.2）进行设计，若配筋相同，则 $\sum M_{bua} / \sum M_b$ 约为 1.42，即 $\sum M_{bua}$ 相对于 $\sum M_b$ 的超强约为 1.42。这种超强现象一般是由梁端实配纵筋面积相对于计算配筋面积的超配、现浇板钢筋引起的梁端实际受弯承载力的增强等因素所致。此处，为简化分析，通过增加实际梁端配筋量，以统一考虑各种因素导致的梁端实际受弯承载力与弯矩设计值的差异。分析中考虑三种代表性超配情形，即：CP-A（$1.0A_{st} + 1.0A_{sb}$）、CP-B（$1.15A_{st} + 1.1A_{sb}$）、CP-C（$1.3A_{st} + 1.2A_{sb}$），其中 A_{st}、A_{sb} 分别为梁端顶部、底部计算配筋面积。

以一级框架首层中节点为例，分别计算三种配筋情形下的 $\sum M_{bua} / \sum M_b$ 比值，

见表 5.3。可以看出，CP-A 为最理想的情况，即不考虑钢筋超配；对于 CP-C 的情形略大于 1.42，即式（5.1）和式（5.2）设计等同时所隐含的 $\sum M_{\text{bua}}/\sum M_{\text{b}}$。

表 5.3   三种超配情形下 $\sum M_{\text{bua}}/\sum M_{\text{b}}$ 的比值

ρ	$\sum M_{\text{bua}}/\sum M_{\text{b}}$		
	CP-A	CP-B	CP-C
0.5	1.16	1.31	1.46
0.75	1.17	1.32	1.46
1.0	1.19	1.34	1.48

3. 随机偏心距下"强柱弱梁"可靠度分析

相关变量的概率模型统计见表 5.4，其中 κ 为变量均值与标准值的比值，δ 为变异系数。

表 5.4   随机变量的统计参数

变量名称	分布类型	κ	δ	数据来源
f_c	正态	1.41	0.19	参考文献 [8]
f_y	正态	1.14	0.07	参考文献 [8]
ε_0	正态	1.10	0.14	参考文献 [9]
ε_{cu}	正态	1.10	0.14	参考文献 [9]
g	正态	1.08	0.10	参考文献 [6]
q	极值 I 型	1.06	0.30	参考文献 [6]

分析模型设计与可靠度计算时，为考虑节点处上下柱端内力之间的相关性，通过统计得到了各级框架模型首层中节点上下柱端重力荷载代表值、地震作用产生的轴压力标准值及弯矩的比值，结果见表 5.5，其中下标 i 表示下柱内力，下标 $i+1$ 表示上柱内力。

表 5.5   不同抗震等级下节点处上下柱端 N、M 比值

抗震等级	$N_{g_i}/N_{g_{i+1}}$	$N_{q_i}/N_{q_{i+1}}$	M_i/M_{i+1}
一级	1.14	1.24	1
二、三、四级	1.17	1.28	1

根据 GB 50011—2010，承载力验算时还需引入抗震调整系数 γ_{RE}，其验算式为：

$$S_d \leqslant R_d/\gamma_{\text{RE}} \tag{5.22}$$

式中：S_d 为构件内力设计值，R_d 为承载力设计值。对于大偏压 RC 柱，γ_{RE} 一般取值为 0.80。

联立式（4.1）、式（4.2）与式（5.22），并考虑附加偏心距 e_a 的影响，根据承载力极限状态设计条件，可求得柱截面单侧钢筋面积 A'_s 为：

$$A'_s = \frac{\gamma_{RE} M_d - \gamma_{RE} N_d \left(\frac{h}{2} - \frac{\gamma_{RE} N_d}{2\alpha_1 f_c b} - e_a \right)}{f'_y (h_0 - a'_s)} \quad (5.23)$$

为确定 "强柱弱梁" 可靠度分析模型, 主要步骤为: 1) 通过 PKPM 设计软件确定所选节点的梁端受拉钢筋, 受压钢筋按给定的 ρ 值确定; 2) 确定节点梁端配筋及其余各种参数, 通过式 (5.1) 与式 (5.2) 得到框架柱的组合弯矩设计值, 节点上、下柱端弯矩设计值按弹性分析确定; 下柱轴压力通过轴压比得到, 上柱轴压力根据下柱轴压力与上下柱端内力之间的相关性比值得到, 并考虑 1.0 重力荷载＋1.3 地震作用的工况进行分配和组合; 3) 按式 (5.23) 确定柱的配筋, 得到 "强柱弱梁" 可靠度分析模型。

按照相关规范[1-2]要求对节点进行设计, 通过改变 ρ、ρ_N、n_c 等参数的取值, 分析不同情形下的 "强柱弱梁" 可靠指标。计算中所采用的失效方程为

$$R_c - R_b = 0 \quad (5.24)$$

式中: R_c 为上、下柱端截面抗力之和, R_b 为左右梁端截面抗力之和, 可用上文提到的精细概率模型计算。采用 Monte Carlo 抽样方法计算可靠指标, "强柱弱梁" 可靠度抽样计算流程如图 5.7 所示。需要说明的是, 由于可靠度分析中轴力是由随机抽样确定, 因此, 按 GB 50010—2010 确定的受弯承载力也具有随机性, 对应的偏心距亦即具有随机特征。

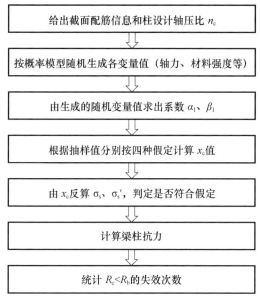

图 5.7 "强柱弱梁" 可靠度计算流程

基于该框架结构模型和特征参数变化取值范围, 分别对一、二、三、四级框架首层中节点进行分析。考虑柱偏心距随机特性后, 采用 Monte Carlo 方法计算得到各级框架结构的 "强柱弱梁" 可靠指标。其中, Monte Carlo 法抽样次数控

制在 1×10^6 至 3×10^8 之间（包括固定偏心距下的可靠度计算），对应失效概率的变异系数为 $0.0014 \sim 0.15$，计算结果见表 5.6～表 5.8，表中仅给出 ρ_N 为 -0.3、0、0.3 以及一级框架（按实配钢筋设计）、二级框架（$\eta_c = 1.5$）、四级框架（$\eta_c = 1.2$）的计算结果。

考虑到梁端钢筋超配对"强柱弱梁"可靠指标影响较大，分别统计不同设计参数下在 CP-A 与 CP-B、CP-A 与 CP-C 之间可靠指标差值 $\beta_{(CP-A)-(CP-B)}$、$\beta_{(CP-A)-(CP-C)}$ 的均值 μ 与标准差 σ 列入表 5.9 中。各抗震等级下的"强柱弱梁"可靠指标变化范围如图 5.8 所示。

由表 5.6～表 5.9 及图 5.8 可知，考虑柱的偏心距随机特性后，设计参数对"强柱弱梁"的可靠指标影响较大，进而导致可靠指标有较大波动。地震作用下柱的高轴压力会降低柱端受弯承载力，轴压比越大，"强柱弱梁"可靠指标越小。

表 5.6　按式（5.2）设计的一级框架结构"强柱弱梁"可靠指标

ρ_N	梁端钢筋超配情形	β								
		$n_c=0.3$			$n_c=0.4$			$n_c=0.6$		
		$\rho=0.5$	$\rho=0.75$	$\rho=1.0$	$\rho=0.5$	$\rho=0.75$	$\rho=1.0$	$\rho=0.5$	$\rho=0.75$	$\rho=1.0$
-0.3	CP-A	3.08	3.23	3.38	2.90	2.99	3.09	2.44	2.47	2.49
	CP-B	3.23	3.37	3.50	3.00	3.09	3.18	2.48	2.49	2.53
	CP-C	3.37	3.49	3.60	3.09	3.15	3.24	2.52	2.53	2.56
0	CP-A	3.92	3.90	3.92	3.43	3.45	3.50	2.79	2.81	2.84
	CP-B	3.97	3.97	3.96	3.50	3.50	3.54	2.84	2.85	2.88
	CP-C	4.08	4.02	4.02	3.58	3.57	3.58	2.88	2.88	2.93
0.3	CP-A	3.94	3.94	3.96	3.51	3.50	3.55	2.90	2.92	2.95
	CP-B	4.00	3.99	4.03	3.56	3.57	3.64	2.94	2.95	2.99
	CP-C	4.14	4.10	4.06	3.66	3.64	3.65	2.97	3.00	3.04

表 5.7　二级框架结构"强柱弱梁"可靠指标

ρ_N	梁端钢筋超配情形	β								
		$n_c=0.3$			$n_c=0.4$			$n_c=0.6$		
		$\rho=0.5$	$\rho=0.75$	$\rho=1.0$	$\rho=0.5$	$\rho=0.75$	$\rho=1.0$	$\rho=0.5$	$\rho=0.75$	$\rho=1.0$
-0.3	CP-A	3.36	3.52	3.64	3.13	3.21	3.28	2.59	2.62	2.64
	CP-B	3.04	3.19	3.26	2.88	2.95	3.00	2.41	2.41	2.41
	CP-C	2.66	2.76	2.82	2.59	2.63	2.64	2.22	2.19	2.17
0	CP-A	4.05	4.08	4.09	3.60	3.61	3.63	2.96	2.97	2.99
	CP-B	3.88	3.86	3.82	3.40	3.38	3.40	2.76	2.75	2.75
	CP-C	3.69	3.61	3.59	3.18	3.15	3.14	2.55	2.52	2.49

续表

ρ_N	梁端钢筋超配情形	β								
		$n_c=0.3$			$n_c=0.4$			$n_c=0.6$		
		$\rho=0.5$	$\rho=0.75$	$\rho=1.0$	$\rho=0.5$	$\rho=0.75$	$\rho=1.0$	$\rho=0.5$	$\rho=0.75$	$\rho=1.0$
0.3	CP-A	4.13	4.11	4.11	3.68	3.73	3.75	3.07	3.09	3.10
	CP-B	3.92	3.92	3.93	3.49	3.48	3.50	2.86	2.85	2.87
	CP-C	3.73	3.66	3.67	3.25	3.23	3.21	2.65	2.61	2.59

表 5.8 四级框架结构"强柱弱梁"可靠指标

ρ_N	梁端钢筋超配情形	β								
		$n_c=0.3$			$n_c=0.4$			$n_c=0.6$		
		$\rho=0.5$	$\rho=0.75$	$\rho=1.0$	$\rho=0.5$	$\rho=0.75$	$\rho=1.0$	$\rho=0.5$	$\rho=0.75$	$\rho=1.0$
−0.3	CP-A	2.67	2.74	2.76	2.61	2.63	2.65	2.26	2.24	2.21
	CP-B	2.11	2.13	2.09	2.18	2.18	2.14	2.01	1.95	1.90
	CP-C	1.45	1.36	1.21	1.66	1.58	1.46	1.71	1.61	1.52
0	CP-A	3.73	3.69	3.68	3.23	3.21	3.21	2.61	2.58	2.54
	CP-B	2.99	2.97	2.87	2.84	2.77	2.71	2.34	2.22	2.22
	CP-C	1.44	1.25	0.96	1.88	1.71	1.48	2.01	1.91	1.81
0.3	CP-A	3.75	3.73	3.73	3.30	3.29	3.27	2.71	2.69	2.65
	CP-B	2.53	2.70	2.58	2.75	2.71	2.64	2.41	2.37	2.31
	CP-C	0.92	0.74	0.43	1.48	1.32	1.07	2.03	1.92	1.80

表 5.9 不同超配情形之间"强柱弱梁"可靠指标差值的均值和标准差

统计参数	式（5.2）		$\eta_c=1.7$		$\eta_c=1.5$		$\eta_c=1.3$		$\eta_c=1.2$	
	$\beta_{(CP\text{-}A)-(CP\text{-}B)}$	$\beta_{(CP\text{-}A)-(CP\text{-}C)}$	$\beta_{(CP\text{-}A)-(CP\text{-}B)}$	$\beta_{(CP\text{-}A)-(CP\text{-}C)}$	$\beta_{(CP\text{-}A)-(CP\text{-}B)}$	$\beta_{(CP\text{-}A)-(CP\text{-}C)}$	$\beta_{(CP\text{-}A)-(CP\text{-}B)}$	$\beta_{(CP\text{-}A)-(CP\text{-}C)}$	$\beta_{(CP\text{-}A)-(CP\text{-}B)}$	$\beta_{(CP\text{-}A)-(CP\text{-}C)}$
μ	−0.059	−0.126	0.189	0.400	0.228	0.485	0.304	0.951	0.547	1.537
σ	0.036	0.066	0.038	0.071	0.039	0.092	0.074	0.365	0.256	0.808

　　ρ_N 对"强柱弱梁"可靠指标影响较大，大多数情况下，ρ_N 取 −0.3 时可靠指标低于其他情形。这是因为当 ρ_N 取负值时，柱截面总轴向力中地震作用产生的轴拉力较大，柱有可能会由偏压状态转为偏拉状态，而由 M-N 关系曲线可知，偏拉构件的承载力远小于偏压构件，因此，柱更易发生偏拉破坏，进而造成"强柱弱梁"可靠指标偏低。

　　由表 5.6～表 5.8 可看出，当不同梁端截面的底面和顶面纵向钢筋配筋量比值 ρ 从 0.5 变化到 1.0 时，其可靠指标大多在 0.1 的范围内波动，说明 ρ 值对可靠指标影响不大。

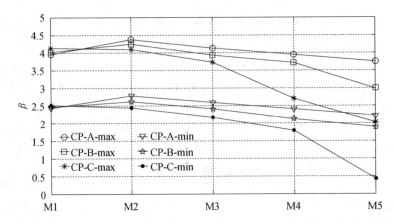

图 5.8　随机偏心距下"强柱弱梁"可靠指标变化范围

注：图中编号 M1、M2、M3、M4、M5 分别对应按式（5.2）、

$\eta_c=1.7$、$\eta_c=1.5$、$\eta_c=1.3$、$\eta_c=1.2$ 设计的情形。

由表 5.6 可知，采用梁端实配钢筋设计"强柱弱梁"，随着超配钢筋的增加，"强柱弱梁"可靠指标也相应有所增加，但增加幅度不大。说明采用梁端实配钢筋设计，能够避免梁端超配钢筋的不利影响，有效提高"强柱弱梁"的程度。但由于柱受随机偏心距、轴压比等参数的影响，其"强柱弱梁"可靠指标在 2.44～4.14 的范围内波动，尤其当柱轴压比较大时各设计参数下可靠指标均偏低，因此，即使按实配钢筋计算，也不能完全实现"强柱弱梁"破坏机制。

由表 5.9 及图 5.8 可知，梁端钢筋超配使得梁端实际受弯承载力与梁端弯矩设计值相差较大，η_c 值越小，梁端超配钢筋的影响也随之增大。当 η_c 取 1.7 时，即使当梁端顶部配筋和底部配筋分别超配 30% 和 20%（CP-C），此时与计算配筋下的可靠指标差值的均值维持在 0.4 左右，并且波动较小。而当 η_c 取 1.3、1.2 时，其均值分别为 0.951 与 1.537，且波动范围也较大。由此造成在梁端实配钢筋超出计算配筋较多时，"强柱弱梁"可靠指标较低，导致实际结构在地震作用下柱易出铰而难以实现"强柱弱梁"屈服机制。

4. 固定偏心距下"强柱弱梁"可靠度结果

采用固定偏心距时，对于柱截面抗力计算可以用受压承载力计算式（2.21）和（2.23）来表示，其中 $e=M_d/N_d$ 为固定偏心距。由此，失效方程式（5.24）中柱抗力 R_c 的计算式为

$$R_c=eN_u \tag{5.25}$$

对固定偏心距下"强柱弱梁"可靠指标进行分析，计算结果见表 5.10。可见，柱的抗力仅与固定偏心距和材料强度、截面尺寸等参数有关，而与截面轴力无关，因此，固定偏心距下"强柱弱梁"可靠指标与 ρ_N 无关。由于 ρ 值对"强柱弱梁"可靠指标影响较小，为此，其值取三种 ρ 值下的平均值。

由表 5.10 可知，相比于随机偏心距情形，固定偏心距下的"强柱弱梁"可靠指标会偏高较多。例如，当抗震等级为一级时，固定偏心距下按实配钢筋计算得到的"强柱弱梁"可靠指标变化范围为 3.46～4.61，而随机偏心距下的可靠指标变化范围为 2.44～4.14。当 $n_c=0.6$、$\rho_N=-0.3$ 且超配情形为 CP-A 时，随机偏心距下可靠指标约为 2.47，而固定偏心距下可靠指标约为 3.46，可靠指标被高估了 40%。而当为四级框架时，固定与随机偏心距下可靠指标变化范围分别为 2.22～3.99 与 0.43～3.75。在 $n_c=0.3$、$\rho_N=0.3$ 且超配情形为 CP-C 时，其可靠指标约为对应随机偏心距情形的 5 倍。

表 5.10　固定偏心距下"强柱弱梁"可靠指标

计算式	梁端钢筋超配情形	β		
		$n_c=0.3$	$n_c=0.4$	$n_c=0.6$
式（5.2）	CP-A	4.35	3.94	3.46
	CP-B	4.46	4.05	3.55
	CP-C	4.61	4.12	3.62
$\eta_c=1.7$	CP-A	4.96	4.54	4.08
	CP-B	4.67	4.26	3.78
	CP-C	4.48	4.06	3.51
$\eta_c=1.5$	CP-A	4.57	4.18	3.68
	CP-B	4.31	3.88	3.36
	CP-C	4.04	3.6	3.05
$\eta_c=1.3$	CP-A	4.22	3.82	3.34
	CP-B	3.92	3.49	2.95
	CP-C	3.43	3.05	2.55
$\eta_c=1.2$	CP-A	3.99	3.58	3.07
	CP-B	3.53	3.13	2.65
	CP-C	2.45	2.46	2.22

需要说明的是，目前 RC 框架柱抗震设计采用的相关系数主要依据固定偏心距对应的可靠指标结果校准得到，如抗震承载力调整系数 γ_{RE} 等。这进一步说明按现行方法设计的框架结构的"强柱弱梁"可靠性被高估，会使设计偏于不安全。

5.1.4　柱端弯矩增大系数为 2.0 时可靠度结果

为计算结果更具参考性，本文增加考虑了 $\eta_c=2.0$ 下的框架结构底层的强柱弱梁可靠度，结果如表 5.11。根据计算结果，统计在不同设计参数下的强柱弱梁可靠度的均值 μ 与标准差 σ，见表 5.12。

表 5.11　一级框架结构 $\eta_c = 2.0$ 下底层强柱弱梁可靠指标

ρ_N	梁端钢筋超配情形	β								
		$n_c=0.3$			$n_c=0.4$			$n_c=0.6$		
		$\rho=0.5$	$\rho=0.75$	$\rho=0.5$	$\rho=0.5$	$\rho=0.5$	$\rho=1$	$\rho=0.5$	$\rho=0.75$	$\rho=1$
-0.3	CP-A	4.22	4.40	4.44	3.78	3.92	4.01	3.06	3.14	3.22
	CP-B	4.09	4.21	4.26	3.67	3.76	3.82	2.94	3.00	3.07
	CP-C	3.87	3.99	4.04	3.49	3.56	3.63	2.80	2.84	2.88
-0.15	CP-A	4.55	4.55	4.62	4.08	4.14	4.23	3.33	3.41	3.49
	CP-B	4.48	4.38	4.47	3.92	3.95	4.05	3.20	3.26	3.33
	CP-C	4.38	4.29	4.26	3.77	3.82	3.84	3.04	3.08	3.13
0	CP-A	4.62	4.70	4.67	4.14	4.22	4.28	3.47	3.53	3.63
	CP-B	4.57	4.57	4.57	4.03	4.05	4.12	3.34	3.40	3.46
	CP-C	4.48	4.30	4.34	3.90	3.89	3.91	3.18	3.21	3.25
0.15	CP-A	4.70	4.72	4.75	4.24	4.22	4.42	3.55	3.63	3.73
	CP-B	4.65	4.59	4.61	4.09	4.14	4.13	3.41	3.47	3.55
	CP-C	4.57	4.40	4.33	3.97	3.97	3.97	3.25	3.29	3.34
0.3	CP-A	4.70	4.71	4.83	4.29	4.37	4.40	3.58	3.67	3.75
	CP-B	4.61	4.59	4.58	4.13	4.17	4.19	3.45	3.51	3.58
	CP-C	4.52	4.46	4.42	3.96	3.98	4.04	3.29	3.34	3.38

表 5.12　不同设计参数下底层强柱弱梁可靠度均值和标准差

η_c	梁端钢筋超配情形	μ	σ
2.0	CP-A	4.09	0.5
	CP-B	3.94	0.51
	CP-C	3.77	0.51
1.7	CP-A	3.73	0.48
	CP-B	3.54	0.49
	CP-C	3.33	0.5
1.5	CP-A	3.48	0.48
	CP-B	3.25	0.48
	CP-C	2.99	0.49
1.3	CP-A	3.26	0.49
	CP-B	2.95	0.5
	CP-C	2.31	0.24
1.2	CP-A	3.04	0.49
	CP-B	2.49	0.31
	CP-C	1.5	0.38

从上述分析中可以发现，轴压力荷载效应比值对强柱弱梁可靠指标影响较大，考虑偏心距随机特性后，当 ρ_N 为负并且轴压比较高时，可靠指标通常较小。此时单纯增大 η_c 值来提高配筋率，可靠指标提升效率可能较低，建议在提高配筋率的基础上，提高材料的强度，适当增加柱截面面积，以提高柱的抗震能力。

5.2　基于可靠度的钢筋混凝土框架"强柱弱梁"设计改进

5.2.1　结构模型基本信息

对于设计的两个钢筋混凝土框架，由于结构平面规则且质量和刚度皆分布均匀，分别取中间一榀平面框架进行建模分析（图 5.9）。KJ-1 底层层高为 4.2m，其余层层高为 3.3m，一级框架为 8 层，其他等级框架为 7 层。KJ-2 层高均为 3.6m，一级框架为 7 层，其他等级框架为 5 层。截面尺寸及荷载与材料信息详见表 5.13、表 5.14。为简化计算，本书暂取 8 度 0.3g 区的一级框架和 8 度 0.2g 区的二级框架结构进行分析。

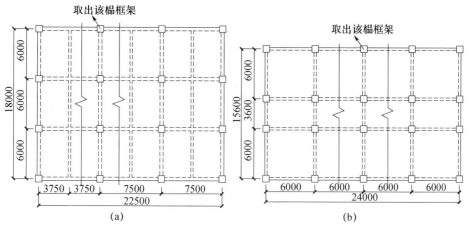

图 5.9　框架平面图

(a) KJ-1；(b) KJ-2

表 5.13　KJ-1 设计信息

框架名称	KJ-1			
抗震等级	一	二	三	四
设防烈度	8（0.3g）	8（0.3g）	8（0.2g）	7（0.15g）	6（0.05g）
层数（总高度）	8（27.3m）	7（24m）	7（24m）	7（24m）	7（24m）
主梁尺寸（mm）	300×700	300×700	300×600	300×550	300×550
次梁尺寸（mm）	250×600	250×600	250×500	250×500	250×500

续表

框架名称	KJ-1				
混凝土强度等级	C40	C40	C30	C30	C30
纵筋强度等级	HRB400	HRB400	HRB335	HRB335	HRB335
板厚（mm）	100	100	100	100	100
柱尺寸（mm）	600×600	600×600	550×550	500×500	500×500

表 5.14　KJ-2 设计信息

框架名称	KJ-2			
抗震等级	一	二	三	四
设防烈度	8（0.3g）	8（0.3g）	8（0.2g）	7（0.15g）	6（0.05g）
层数（总高度）	7（25.2m）	5（18m）	5（18m）	5（18m）	5（18m）
主梁尺寸（mm）	300×600	250×550	250×550	250×500	250×500
混凝土强度等级	C40	C40	C30	C30	C30
纵筋强度等级	HRB400	HRB400	HRB335	HRB335	HRB335
板厚（mm）	120	120	120	120	120
柱尺寸（mm）	550×550	500×500	500×500	400×400	400×400

　　由于同一种框架在不同等级（即不同设防烈度）下仅梁柱截面尺寸不同，其他荷载布置均一致，所以仅质量和梁柱自重荷载有所不同。进行模态分析和动力时程分析需要指定结构质量，Perform-3D 程序中只能定义节点质量，将来自结构的质量和来自荷载的质量集中到相应的节点上，楼层质量按（1.0 恒载＋0.5 活载）折算，并参照 PKPM 程序荷载导出结果等效为梁上均布荷载和柱顶集中荷载。限于篇幅，仅列出 KJ-1 和 KJ-2 在 8 度 0.2g 区的质量与荷载分布图，如图 5.10 和图 5.11 所示。

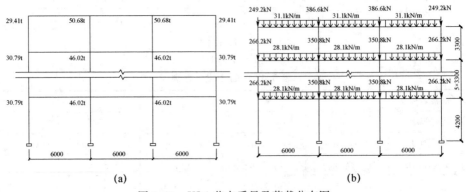

图 5.10　KJ-1 节点质量及荷载分布图
（a）节点质量；（b）荷载分布图

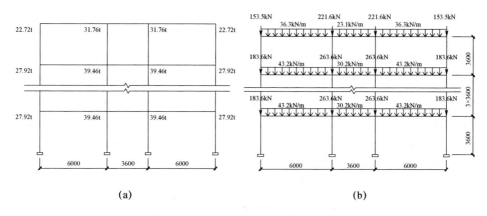

図 5.11 KJ-2 节点质量及荷载分布图

（a）节点质量；（b）荷载分布图

5.2.2 模型配筋设计及"强柱弱梁"可靠度计算

为了避免商业结构设计软件中可能存在的对设计过程的人为调控，采用 PKPM 软件进行结构内力分析，考虑四种荷载工况：$1.2G+1.3Q$、$1.2G-1.3Q$ 和 $1.0G+1.3Q$、$1.0G-1.3Q$，得到各个节点处的梁端设计内力及配筋，再严格按照规范[1]要求，取节点左右梁端截面逆时针或顺时针方向组合的弯矩设计值之和并考虑相应的柱端弯矩增大系数，得到节点上下柱端截面顺时针或逆时针方向组合的弯矩设计值，再按弹性分析分配得到上下柱端的弯矩设计值，同样考虑四种荷载工况，取最不利情况（即取配筋面积最大的荷载工况）得到柱端配筋。在梁、柱截面选配筋时，除因满足最小配筋率的要求而导致的配筋增大以外，尽可能不再人为增大钢筋面积。

为考察当计入梁两侧有效翼缘范围内楼板对实现强柱弱梁屈服机制的影响，根据规范建议，取梁每侧 6 倍板厚作为有效板宽范围。对于 KJ-1，板厚 $t=100mm$，每侧有效板宽 $L_c=600mm$，对于 KJ-2，板厚 $t=120mm$，每侧有效板宽 $L_c=720mm$。由于楼板大多不参与抗震，一般按构造配筋考虑，因此，为简化计算，本书中四种模型中各层楼板均取相同配筋量，实际配筋 $A_s=804mm^2$，其截面如图 5.12 所示。

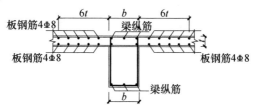

图 5.12 计入梁两侧有效翼缘范围内楼板的截面图

然后利用 MATLAB 编程软件，采用 Monte Carlo 抽样方法分别计算不考虑任何超配情况的按规范方法设计配筋的纯框架模型，以及考虑有效翼缘范围内楼板和板筋后的带楼板框架模型中各个节点处的"强柱弱梁"可靠度。按规范要求，框架顶层和柱轴压比小于 0.15 的情况，因其具有较大的变形能力，暂不考虑其"强柱弱梁"可靠度。需要说明的是，在以往的分析中发现，设计时的最不利荷载工况，在进行可靠度计算时并非最不利，即该工况下的可靠度并非最小，因此，在抽样计算时依旧考虑上述四种工况，取其最小值为该榀框架最终各节点处的"强柱弱梁"可靠度，如图 5.13～图 5.16 所示，图中括号内数值为柱端配筋。

由图 5.13～图 5.16 可以看出，按现行的抗震规范设计框架结构，当不考虑任何形式的梁端钢筋超配时，其各节点处的"强柱弱梁"可靠度均维持在一个较高的水平，并且随着楼层的升高，可靠度越大。因为越接近顶层，柱端配筋大多数由最小配筋率控制，从而造成柱端实际抗力已经超过按柱端弯矩增大系数所调整的水平较多。但当计算梁端实际抗弯承载力时，若计入有效翼缘内楼板及其纵向板筋的参与，各节点处的"强柱弱梁"可靠度均出现了较大幅度的下降，此时要实现"强柱弱梁"屈服机制的难度也将有所增大。

对于一级抗震等级的框架，若按梁端实配抗震受弯承载力确定柱端弯矩设计值，即通过式（5.2）进行内力调整，并计入楼板钢筋和材料强度标准值。以 KJ-1 中一级框架为例，分别计算纯框架模型"强柱弱梁"可靠度和带楼板框架模型"强柱弱梁"可靠度，结果如图 5.17～图 5.18所示。

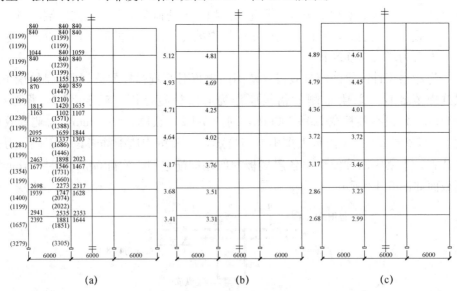

图 5.13　KJ-1 中一级框架（$\eta_c = 1.7$）梁柱端部配筋及相应节点处"强柱弱梁"可靠度

（a）梁柱截面配筋图/mm²；（b）纯框架"强柱弱梁"可靠度；（c）考虑楼板后"强柱弱梁"可靠度

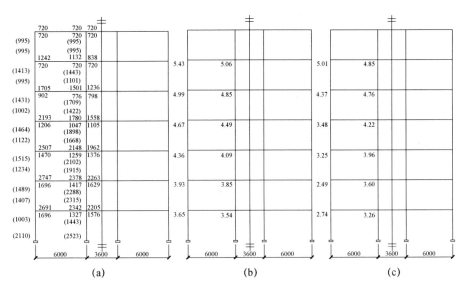

图 5.14 KJ-2 中一级框架（$\eta_c=1.7$）梁柱端部配筋及相应节点处"强柱弱梁"可靠度
（a）梁柱截面配筋图/mm²；（b）纯框架"强柱弱梁"可靠度；（c）考虑楼板后"强柱弱梁"可靠度

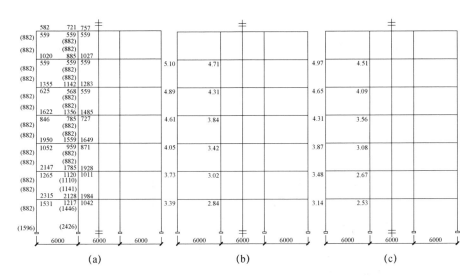

图 5.15 KJ-1 中二级框架（$\eta_c=1.5$）梁柱端部配筋及相应节点处"强柱弱梁"可靠度
（a）梁柱截面配筋图/mm²；（b）纯框架"强柱弱梁"可靠度；
（c）考虑楼板后"强柱弱梁"可靠度

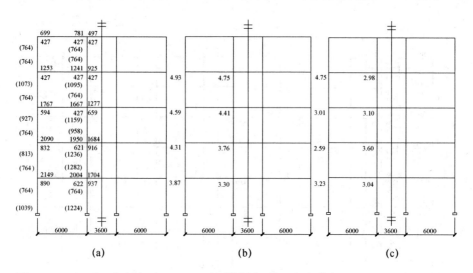

图 5.16　KJ-2 中二级框架（$\eta_c = 1.5$）梁柱端部配筋及相应节点处"强柱弱梁"可靠度
（a）梁柱截面配筋图/mm²；（b）纯框架"强柱弱梁"可靠度；
（c）考虑楼板后"强柱弱梁"可靠度

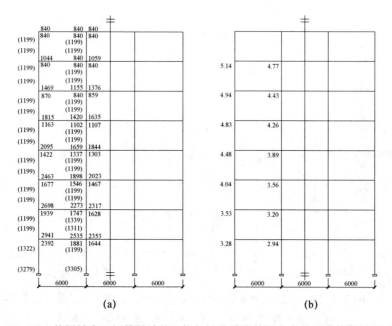

图 5.17　KJ-1 按梁端实配钢筋设计的纯框架梁柱端配筋及节点处"强柱弱梁"可靠度
（a）梁柱截面配筋图/mm²；（b）纯框架"强柱弱梁"可靠度

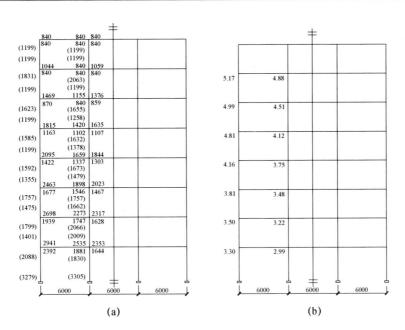

图 5.18 KJ-1 按梁端实配钢筋设计的带楼板框架梁柱端配筋及节点处"强柱弱梁"可靠度

(a) 梁柱截面配筋图/mm²；(b) 考虑楼板后"强柱弱梁"可靠度

对比图 5.17 与图 5.18，可以看出采用梁端实配钢筋设计"强柱弱梁"，除由最小配筋率控制的柱外，无论计不计入板内钢筋或者其他情形造成的超配钢筋，计算得到的"强柱弱梁"可靠度基本在同一个水平。这说明，实配钢筋设计能够避免梁端超配钢筋的不利影响，有效提高"强柱弱梁"的程度。但由于柱受轴压比、随机偏心距等参数的影响，导致柱的可靠度波动过大，因此，即使按实配钢筋计算，依旧无法完全实现"强柱弱梁"的屈服机制，这一点与第 3 章的得到的规律是一致的。

5.2.3 基于可靠度的"强柱弱梁"改进结果

由于 GB 50068—2018《建筑结构可靠性设计统一标准》规定的目标可靠指标是基于构件层次的，而并未给出"强柱弱梁"的目标可靠指标，因此，各级框架的"强柱弱梁"可靠度该达到何种水平才能实现具有一定保证率的"强柱弱梁"屈服机制还有待验证。通过前述的参数分析，暂取中等超配情形下的可靠指标的均值作为目标可靠指标，即一、二级框架的目标可靠指标分别取为 4.0，3.3。由于考虑楼板后"强柱弱梁"可靠度有较大幅度的下降，因此为减少分析工作量，本节仅对带楼板模型进行改进，代入 Matlab 程序中，对可靠度低于目标可靠指标的情形，重新反算柱端弯矩增大系数值，使之满足目标可靠指标的要求；对于可靠度高于目标可靠指标的情形，柱端弯矩增大系数可不改进，仍采用规范取值。各模型的改进结果如图 5.19～图 5.23 所示。

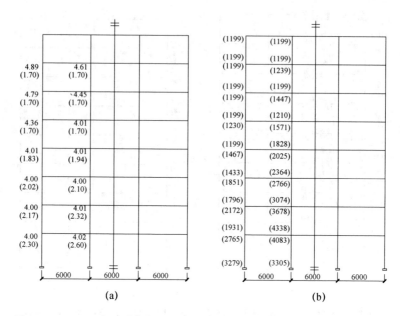

图 5.19　KJ-1 一级改进框架的节点处"强柱弱梁"可靠度及相应柱端配筋
（a）改进后的可靠度及相应的 η_c 值；（b）改进后的柱端配筋

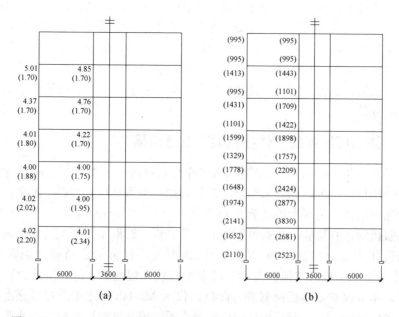

图 5.20　KJ-2 一级改进框架的节点处"强柱弱梁"可靠度及相应柱端配筋
（a）改进后的可靠度及相应的 η_c 值；（b）改进后的柱端配筋

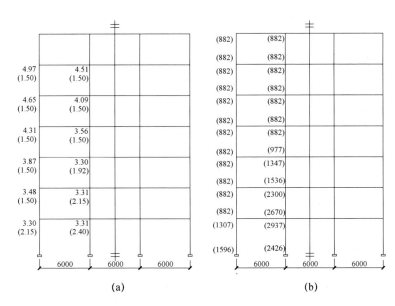

图 5.21　KJ-1 二级改进框架的节点处"强柱弱梁"可靠度及相应柱端配筋
（a）改进后的可靠度及相应的 η_c 值；（b）改进后的柱端配筋

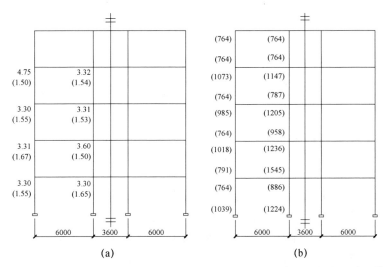

图 5.22　KJ-2 二级改进框架的节点处"强柱弱梁"可靠度及相应柱端配筋
（a）改进后的可靠度及相应的 η_c 值；（b）改进后的柱端配筋

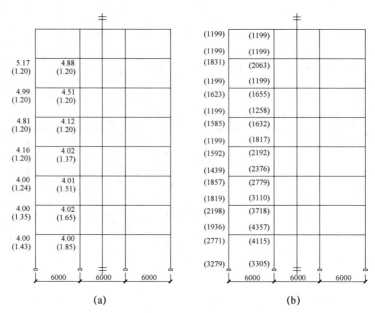

图 5.23　KJ-1 中一级框架按实配钢筋设计调整的改进后"强柱弱梁"
可靠度及相应柱端配筋
（a）改进后的可靠度及相应的 η_c 值；（b）改进后的柱端配筋

由图 5.19～图 5.23 可以看出，各级框架均在中间层以下位置改进的幅度
比较大，中间层及以上改进得较少。一级框架要达到目标可靠指标 4.0，则 η_c
值改进范围为 1.70～2.60；二级框架达到目标可靠指标 3.3，则 η_c 值改进范围
为 1.50～2.40。

5.3　改进设计钢筋混凝土框架的抗震性能分析与验证

5.3.1　模型中的材料本构

根据各级框架的梁柱截面与材料信息，将约束区的箍筋配置统一取约定值
Φ10@100 并采用四肢箍。这个配箍值与 PKPM 软件计算出的大部分配箍差别不
大。考虑到梁轴力较小，梁箍筋对核心区混凝土的约束效应较弱，因此梁纤维截
面中混凝土纤维不考虑箍筋的约束作用，采用非约束混凝土本构模型。而柱的核
心区混凝土受箍筋约束效应较强，因此柱纤维截面中核心区混凝土纤维采用约束
混凝土本构模型，保护层混凝土纤维则采用非约束混凝土本构模型，梁柱纤维模
型示意图如图 5.24 所示。

为了在模型中真实反映出结构应有的状态，对模型中所有的材料使用材料强
度平均值，这也符合 GB 50010—2010《混凝土结构设计规范》第 5.5.1 条建议

取平均值的规定。根据 GB 50010—2010《混凝土结构设计规范》附录 C 公式 C.2.1-1，采用材料强度标准值反算出材料强度平均值，如下式：

$$f_m = \frac{f_k}{1 - 1.645\delta_s} \tag{5.26}$$

式中：f_m 为计算出的平均值；f_k 为材料强度标准值；δ_s 为变异系数，混凝土的变异系数可以在 GB 50010—2010《混凝土结构设计规范》附录 C 的条文说明中查到，钢筋的变异系数取 5.7%～6.0%（表 5.15）。

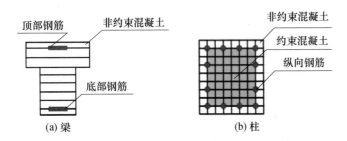

图 5.24　梁柱纤维模型示意图

表 5.15　材料强度统计参数

材料名称	HRB335	HRB400	C30	C40
变异系数	5.7%	6.0%	17.2%	15.6%
屈服强度均值	369.6MPa	443.8MPa	28.03MPa	36.05MPa
极限强度均值	502.1MPa	599.1MPa		

约束混凝土本构采用 Mander 模型，非约束混凝土本构忽略混凝土抗拉强度的贡献，采用我国 GB 50010—2010《混凝土结构设计规范》附录 C 中的单轴受压应力-应变曲线。忽略截面不同纵向钢筋配筋率的影响，根据计算得到约束混凝土、非约束混凝土和保护层混凝土的本构曲线以及 Perform-3D 拟合的五折线形骨架曲线如图 5.25 和图 5.26 所示。

钢筋本构采用考虑应变硬化的三线性弹塑性模型，屈服后的弹性模量为初始段弹性模量的 0.01 倍，其初始段的弹性模量参照我国 GB 50010—2010《混凝土结构设计规范》取值，对于模型所采用的 HRB335 和 HRB400 级钢筋的本构关系如图 5.27 所示。

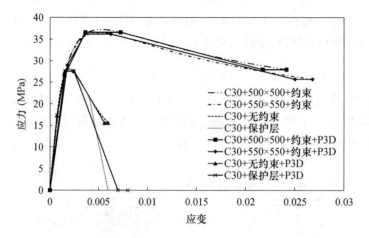

图 5.25　C30 混凝土本构模型

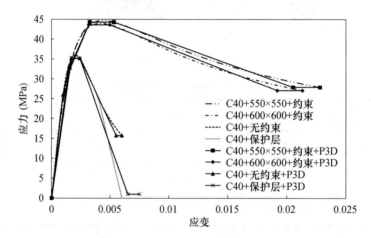

图 5.26　C40 混凝土本构模型

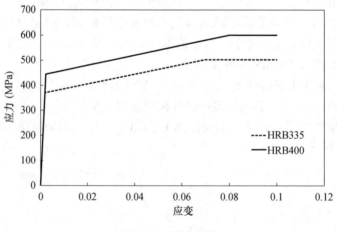

图 5.27　钢筋本构

5.3.2 分析用地震动记录

地震波的筛选首先依据规范控制以下指标：特征周期、加速度时程最大值、地震动记录的持时、单条地震波在主要周期点上的谱值和多条地震波在主要周期点上的平均谱值。经过筛选最后从 PKPM 的地震波数据库中选取了 18 条符合条件的典型地震波，用软件 SIMQK_GR 生成了两条人工波，具体信息见表 5.16。根据建筑抗震设计规范[4]要求，采用加速度时程最大值对不同的地震动时程记录进行调幅，经傅里叶转换后，将所选择的地震波组合的加速度谱与规范谱对比，以 8 度 0.2g 区为例，各条地震波的加速度谱和平均加速度谱与规范谱对比如图 5.28所示。

表 5.16 20 条强震记录及其地震动参数

序号	地震名称	时间	测站信息	PGA (g)	t_D (s)	步长
GM1	CAPE MENDOCINO	1992-4-25	LOLETA FIRE STATION	0.267	28.48	0.02
GM2	CHUETSU-OKI	2007-7-16	JOETSU OGATAKU	0.329	48.70	0.02
GM3	CHUETSU-OKI	2007-7-16	NIG019	0.466	61.94	0.02
GM4	CHUETSU-OKI	2007-7-16	OJIYA CITY	0.404	44.50	0.02
GM5	CORINTH GREECE	1981-2-24	CORINTH	0.302	40.74	0.02
GM6	DARFIELD NEWZEALAND	2010-9-3	DFHS	0.488	45.90	0.02
GM7	DARFIELD NEW ZEALAND	2010-9-3	DARFIELD NEW ZEALAND	0.643	44.68	0.02
GM8	IWATE	2008-6-13	MYG005	0.546	29.54	0.02
GM9	LOMA PRIETA	1989-10-18	COYOTE LAKE DAM	0.494	39.79	0.02
GM10	MANJIL IRAN	1990-6-20	ABBAR	0.524	45.98	0.02
GM11	NORTHRIDGE-01	1994-1-17	MOORPARK-FIRE STA	0.297	39.98	0.02
GM12	TRINIDAD	1983-8-24	090 CDMG STATION 1498	0.194	21.40	0.01
GM13	NORTHRIDGE	1994-1-17	090 CDMG STATION 24278	0.568	39.88	0.01
GM14	LOMA PRIETA	1989-10-18	090 CDMG STATION 47381	0.367	39.90	0.01
GM15	KOBE	1995-1-16	KAKOGAWA（CUE90）	0.345	40.90	0.01
GM16	HOLLISTER	1961-4-9	USGS STATION 1028	0.195	39.93	0.01
GM17	FRIULI	1976-5-6	TOLMEZZO（000）	0.351	36.32	0.01
GM18	CHI-CHI	1999-9-20	TCU045	0.361	52.78	0.01
GM19	人工波	—	—	0.44	40	0.01
GM20	人工波	—	—	0.44	40	0.01

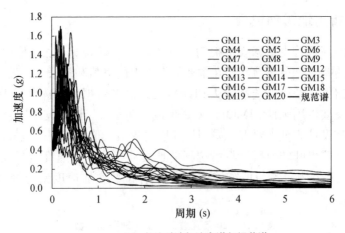

(a) 各地震波加速度谱与规范谱

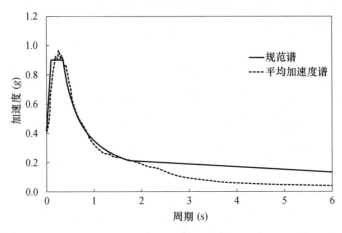

(b) 平均加速度谱与规范谱

图 5.28　8 度 0.2g 下结构选用地震波

5.3.3　计算结果与分析

1. 梁柱端出铰率统计

通过 Perform-3D 软件建立纤维杆系模型进行动力弹塑性时程分析，比较无任何超配情形的纯框架模型和考虑楼板参与的模型以及考虑楼板后的改进模型在罕遇地震作用下的"强柱弱梁"屈服效果，结构阻尼采用 Rayleigh 阻尼，阻尼比为 5%，各框架前三阶周期参见表 5.17。

通过记录钢筋混凝土截面受拉侧的最外排钢筋的应变，可以知道各构件截面在地震作用下的塑性发展程度，通常认为构件中截面受拉区钢筋屈服，受压区边缘混凝土达到极限压应变后，截面在维持一定数值的弯矩的情况下，发生较大幅度的转动，形成塑性铰。因此，可以较保守地通过判断构件端部钢筋是否超过屈服应变来定义构件的出铰。

表 5.17 平面框架结构周期

框架	一级框架（0.3g）						二级框架（0.2g）					
	不考虑楼板			考虑楼板			不考虑楼板			考虑楼板		
	一阶	二阶	三阶	一阶	二阶	三阶	一阶	二阶	三阶	一阶	二阶	三阶
KJ—1	1.302	0.422	0.236	1.111	0.364	0.207	1.389	0.444	0.245	1.173	0.380	0.215
KJ-2	1.267	0.409	0.229	1.065	0.349	0.201	1.071	0.339	0.187	0.895	0.292	0.169

梁柱端出铰率能够直观反映柱端塑性铰或梁端塑性铰在结构整体中所占的比例，为反映变化规律，同时又限于篇幅，本节仅列出 KJ1 中一级框架和 KJ2 中二级框架各模型在罕遇地震作用下的梁柱端出铰率，如表 5.18～表 5.19 所示。对应地，各框架的三种模型在 20 条地震动下各个柱端出铰频率如图 5.29～图 5.30 所示。

表 5.18 KJ1 中一级框架在罕遇地震动作用下梁柱端出铰率对比（$\beta=4.0$）

地震波	纯框架模型		带楼板模型		改进模型	
	柱端出铰率	梁端出铰率	柱端出铰率	梁端出铰率	柱端出铰率	梁端出铰率
GM1	29.69%	100%	29.69%	87.50%	25.00%	87.50%
GM2	0%	91.67%	0%	83.33%	0%	81.25%
GM3	7.81%	95.83%	17.19%	87.50%	9.37%	87.50%
GM4	4.69%	95.83%	0%	83.33%	0%	81.25%
GM5	4.69%	97.92%	9.37%	89.58%	9.37%	89.58%
GM6	3.13%	100%	7.81%	91.67%	7.81%	91.67%
GM7	0%	8.33%	0%	0%	0%	0%
GM8	1.56%	89.58%	3.13%	87.50%	3.13%	85.42%
GM9	14.06%	100%	12.50%	87.50%	9.38%	87.50%
GM10	1.56%	97.92%	3.13%	87.50%	3.13%	87.50%
GM11	4.69%	95.83%	4.69%	87.50%	4.69%	87.50%
GM12	0%	12.50%	0%	0%	0%	0%
GM13	15.63%	100%	18.75%	89.58%	12.50%	89.58%
GM14	23.44%	100%	29.69%	87.50%	21.87%	87.50%
GM15	17.19%	100%	25.00%	87.50%	20.31%	87.50%
GM16	3.13%	100%	14.06%	91.67%	10.94%	91.67%
GM17	0%	95.83%	3.13%	87.50%	0%	87.50%
GM18	0%	85.42%	0%	75%	0%	75.00%

地震波	纯框架模型		带楼板模型		改进模型	
	柱端出铰率	梁端出铰率	柱端出铰率	梁端出铰率	柱端出铰率	梁端出铰率
GM19	0%	95.83%	1.56%	87.50%	1.56%	87.50%
GM20	1.56%	95.83%	6.25%	87.50%	3.13%	87.50%
均值	6.64%	87.92%	9.30%	78.33%	7.11%	78.02%

表 5.19　KJ2 中二级框架在罕遇地震动作用下梁柱端出铰率对比（$\beta=3.3$）

地震波	纯框架模型		带楼板模型		改进模型	
	柱端出铰率	梁端出铰率	柱端出铰率	梁端出铰率	柱端出铰率	梁端出铰率
GM1	42.50%	100%	67.50%	86.67%	52.50%	86.67%
GM2	15.00%	93.33%	20.00%	83.33%	15.00%	83.33%
GM3	37.50%	100%	52.50%	86.67%	52.50%	86.67%
GM4	7.50%	93.33%	17.50%	73.33%	15.00%	73.33%
GM5	25.00%	100%	45.00%	86.67%	40.00%	86.67%
GM6	17.50%	100%	15.00%	86.67%	15.00%	86.67%
GM7	15.00%	20.00%	17.50%	70.00%	17.50%	70.00%
GM8	15.00%	100%	27.50%	80.00%	25.00%	80.00%
GM9	17.50%	100%	32.50%	83.33%	25.00%	83.33%
GM10	15.00%	100%	22.50%	86.67%	20.00%	86.67%
GM11	17.50%	100%	35.00%	86.67%	27.50%	86.67%
GM12	15.00%	46.67%	25.00%	43.33%	22.50%	43.33%
GM13	35.00%	100%	40.00%	86.67%	35.00%	86.67%
GM14	40.00%	100%	55.00%	86.67%	50.00%	86.67%
GM15	30.00%	100%	50.00%	86.67%	45.00%	86.67%
GM16	27.50%	100%	42.50%	86.67%	42.50%	86.67%
GM17	27.50%	100%	25.00%	80.00%	25.00%	80.00%
GM18	10.00%	93.33%	7.50%	80.00%	7.50%	80.00%
GM19	20.00%	30.00%	30.00%	86.67%	27.50%	86.67%
GM20	7.50%	100%	20.00%	86.67%	15.00%	86.67%
均值	21.88%	88.83%	32.38%	81.67%	28.75%	81.67%

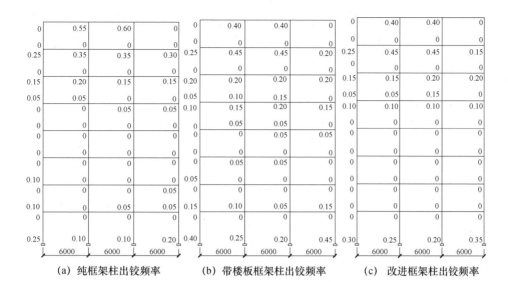

(a) 纯框架柱出铰频率　　(b) 带楼板框架柱出铰频率　　(c) 改进框架柱出铰频率

图 5.29　KJ1 中一级框架在 20 条地震动下各柱端出铰频率图（β=4.0）

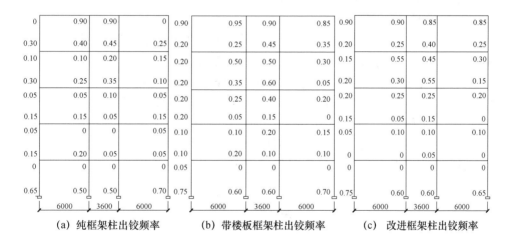

(a) 纯框架柱出铰频率　　(b) 带楼板框架柱出铰频率　　(c) 改进框架柱出铰频率

图 5.30　KJ2 中二级框架在 20 条地震动下各柱端出铰频率图（β=3.3）

由表 5.18 与图 5.29 可看出，对于一级框架按规范设计的不考虑梁端钢筋超配的纯框架模型，在 20 条地震动的作用下，柱端出铰率均不高，均值为 6.64%，大多数还是呈现梁柱混合铰机制。当考虑楼板的参与后，对塑性铰的分布是有一定影响的，柱端出铰率有所增加，均值增加到 9.30%，依旧呈现梁柱混合铰机制。由于改进框架模型大多针对中下楼层的节点进行了改进，对于底层柱底和顶层柱顶规范另有规定，因此也并未对此部分进行修改配筋。但对于上部楼层，大多由最小配筋率控制，可靠指标较高，一般不需改进，但在强震作用下也只能在一定程度上延缓柱端出铰，大多还是呈现梁柱混合铰的屈服机制，改进下部楼层对此部分影响并不大，导致最终改进框架模型柱端出铰率虽较带楼板模型有所减少，均值从 9.30％降到 7.11％，但改进效果有限。结合图 5.29 的柱端出铰频率发现，若将一级框架的强柱弱梁目标可靠指标定为 4.0，在较低的楼层处是可以呈现较好的梁铰机制破坏的；对于较高楼层，要想实现良好的强柱弱梁屈服机制，建议同时增大最小配筋率的限值。

由表 5.19 与图 5.30 可看出，对于二级框架，在 20 条强震记录下，柱端出铰率要高于一级较多，并且当考虑楼板后，柱端出铰率要较不考虑梁端钢筋超配的纯框架模型高出较多，约为 10.5％。当考虑一定经济性后将二级框架各节点处的强柱弱梁可靠度改进到 3.3 时，柱端出铰率下降了约 3.63％，改进效果依旧有限，说明对于二级框架，要呈现良好的梁铰机制破坏，强柱弱梁目标可靠指标应定得更高一些。如前所述，随着层数的增加，柱端配筋大多由最小配筋率控制，导致其强柱弱梁可靠度较大，一般不需改进或稍微改进，但这样虽能延迟柱端出铰的时间，保证梁在柱之前出铰，但这并不能完全保证当结构遭遇大震时柱端不出铰，这也就是在某些情形下，改进效果并不明显的原因，因此，对于二级框架也是建议增大最小配筋率的限值。

2. 构件滞回耗能比重

为了从宏观上描述结构进入到非线性的程度，使用结构中滞回耗能分布图来描述。滞回耗能是指材料和构件进入非弹性状态时的耗能部分，结构的滞回耗能是结构设计最有意义的指标，是评估体系累积破坏的重要参数之一。阻尼耗能指模型中阻尼矩阵设置消耗的能量（各种不能被显式模拟的能量消耗通过阻尼来统一衡量），以下分别是 KJ-2 中二级框架的三种模型分别在 GM1 地震波下的耗能分布及梁柱构件组耗能占比，其中构件组耗能占比是指特定构件组对整个结构滞回耗能所做的贡献，如图 5.31～图 5.33 所示。

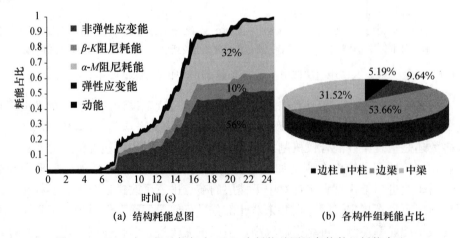

(a) 结构耗能总图　　　　　(b) 各构件组耗能占比

图 5.31　KJ-2 中二级纯框架在 GM1 中耗能总图及各构件组耗能占比

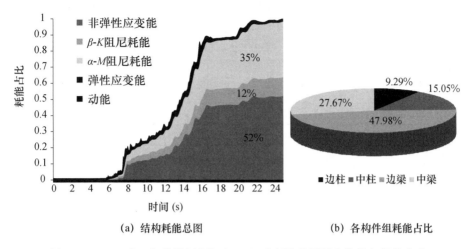

(a) 结构耗能总图　　　　　　　　(b) 各构件组耗能占比

图 5.32　KJ-2 中二级带楼板框架在 GM1 中耗能总图及各构件组耗能占比

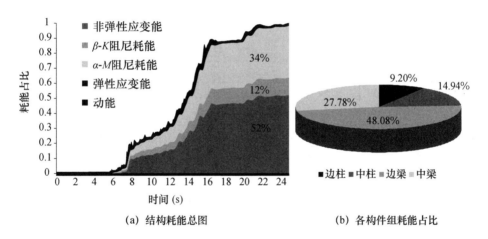

(a) 结构耗能总图　　　　　　　　(b) 各构件组耗能占比

图 5.33　KJ-2 中二级改进框架在 GM1 中耗能总图及各构件组耗能占比

在罕遇地震下，三种模型的滞回耗能占比均大于 50%。在图 5.31～图 5.33
中，结构在时程输入开始时的能量全是弹性应变能，随着地震强度的不断增大，
逐渐地出现动能，阻尼耗能，在第 7 秒末，滞回耗能出现大幅度的增加，说明此
时已经有部分构件进入了塑性段；当时程输入结束时，除构件的滞回耗能外，剩
余的大部分能量都是由阻尼作用耗散掉，阻尼耗能在结构总能量耗散中占的比重
较大，所以阻尼值的设置将会较大地影响到结构的反应。分别统计各框架中所有
梁柱构件组在 20 条地震动下所耗散的非弹性应变能占总滞回耗能的比例，可以
大致判断各构件组的塑性发展程度。

表 5. 20 KJ1 中一级框架在罕遇地震动作用下梁柱耗能率对比 ($\beta=4.0$)

地震波	纯框架模型		带楼板模型		改进模型	
	柱耗能占比	梁耗能占比	柱耗能占比	梁耗能占比	柱耗能占比	梁耗能占比
GM1	2.18%	97.82%	6.75%	93.25%	6.63%	93.37%
GM2	0.73%	99.27%	1.74%	98.26%	1.51%	98.49%
GM3	1.81%	98.19%	5.83%	94.17%	5.39%	94.61%
GM4	0.51%	99.49%	1.18%	98.82%	1.01%	98.99%
GM5	1.51%	98.49%	1.90%	98.10%	1.72%	98.28%
GM6	1.25%	98.75%	2.51%	97.49%	2.27%	97.73%
GM7	—	—	—	—	—	—
GM8	0.56%	99.44%	1.30%	98.70%	1.22%	98.78%
GM9	2.30%	97.70%	1.92%	98.08%	1.69%	98.31%
GM10	0.50%	99.50%	2.04%	97.96%	1.67%	98.33%
GM11	1.55%	98.45%	2.23%	97.77%	1.97%	98.03%
GM12	—	—	—	—	—	—
GM13	3.11%	96.89%	2.95%	97.05%	2.43%	97.57%
GM14	2.20%	97.80%	6.65%	93.35%	6.32%	93.68%
GM15	3.70%	96.30%	3.70%	96.30%	3.56%	96.44%
GM16	0.97%	99.03%	2.20%	97.80%	2.08%	97.92%
GM17	0.51%	99.49%	2.21%	97.79%	1.96%	98.04%
GM18	0.49%	99.51%	0.86%	99.14%	0.54%	99.46%
GM19	0.61%	99.39%	1.91%	98.09%	1.70%	98.30%
GM20	1.04%	98.96%	1.31%	98.69%	0.94%	99.06%
均值	1.42%	98.58%	2.73%	97.27%	2.48%	97.52%

表 5. 21 KJ2 中二级框架在罕遇地震动作用下梁柱耗能率对比 ($\beta=3.3$)

地震波	纯框架模型		带楼板模型		改进模型	
	柱耗能占比	梁耗能占比	柱耗能占比	梁耗能占比	柱耗能占比	梁耗能占比
GM1	14.82%	85.18%	24.34%	75.66%	24.14%	75.86%
GM2	3.30%	96.70%	7.49%	92.51%	7.33%	92.67%
GM3	18.50%	81.50%	25.21%	74.79%	24.87%	75.13%
GM4	4.96%	95.04%	9.60%	90.40%	9.47%	90.53%
GM5	6.82%	93.18%	14.94%	85.06%	14.67%	85.33%
GM6	12.71%	87.29%	10.89%	89.11%	10.51%	89.49%
GM7	28.10%	71.90%	45.98%	54.02%	45.55%	54.45%

续表

地震波	纯框架模型		带楼板模型		改进模型	
	柱耗能占比	梁耗能占比	柱耗能占比	梁耗能占比	柱耗能占比	梁耗能占比
GM8	7.43%	92.57%	11.56%	88.44%	11.46%	88.54%
GM9	6.73%	93.27%	8.41%	91.59%	8.07%	91.93%
GM10	7.59%	92.41%	23.51%	76.49%	23.08%	76.92%
GM11	8.88%	91.12%	12.83%	87.17%	12.55%	87.45%
GM12	31.22%	68.78%	49.50%	50.50%	49.38%	50.62%
GM13	8.44%	91.56%	12.99%	87.01%	12.70%	87.30%
GM14	16.96%	83.04%	23.06%	76.94%	22.86%	77.14%
GM15	11.05%	88.95%	14.93%	85.07%	14.62%	85.38%
GM16	9.08%	90.92%	9.92%	90.08%	9.76%	90.24%
GM17	13.77%	86.23%	20.05%	79.95%	19.88%	80.12%
GM18	3.75%	96.25%	6.03%	93.97%	5.97%	94.03%
GM19	8.78%	91.22%	9.34%	90.66%	9.18%	90.82%
GM20	6.75%	93.25%	10.09%	89.91%	9.83%	90.17%
均值	11.48%	88.52%	17.53%	82.47%	17.29%	82.71%

依据这 20 组地震波下的耗能情况，从总体上来讲，按中国规范设计的一级框架模型，罕遇地震下进入非线性的程度不深，反应不是很强烈，有两组地面运动下结构反应几乎在弹性状态（GM7 和 GM12）。从各个构件组滞回耗能对结构总的滞回耗能贡献来看，框架梁滞回耗能几乎占总滞回耗能的绝大部分，这也说明模型中构件进入非线性反应最多是框架梁，柱耗能贡献很小。带楼板框架模型的柱耗能要高于纯框架模型，而改进框架模型的柱耗能则要低于带楼板框架模型，但下降的幅度并不大，这与上节统计的出铰率的规律一致。对于二级框架，柱耗能占比明显增多，说明二级框架中柱的非线性程度较一级要深很多，当考虑楼板后，柱的耗能占比继续增多，也同样说明，当楼板的参与使得梁端的实际抗弯承载力增大，对强柱弱梁机制的实现是较为不利的，尤其对于柱端弯矩增大系数较小的情况。对于改进框架模型，柱耗能占比并未下降很多，也与上节统计的出铰率的规律一致。

参考文献

[1] 中华人民共和国住房和城乡建设部. 建筑结构抗震设计规范（2016 年版）：GB 50011—2010 [S]. 北京：中国建筑工业出版社，2010.

[2] 中华人民共和国住房和城乡建设部. 混凝土结构设计规范（2015 年版）：GB 50010—2010

[S]．北京：中国建筑工业出版社，2010.

[3] 马宏旺，陈晓宝．钢筋混凝土框架结构强柱弱梁设计的概率分析 [J]．上海交通大学学报，2005，39（5）：723-726.

[4] Jiang You Bao, Zhou Hao, Beer Michael，et al. Robustness of Load and Resistance Design Factors for RC Columns with Wind-Dominated Combination Considering Random Eccentricity [J]．Journal of Structural Engineering，2016，143（4）：04016221.

[5] Jiang You Bao，Yang Wei Jun. An approach based on theorem of total probability for reliability analysis of RC columns with random eccentricity [J]．Structural Safety，2013，41（1）：37-46.

[6] 蒋友宝，杨伟军．基于偏心距随机特性的 RC 框架柱承载力抗震调整系数 [J]．中南大学学报（自然科学版），2012，43（7）：2796-2802.

[7] 蒋友宝，周浩，曹青，等．不同设计配筋下大偏压 RC 柱承载力抗震可靠度 [J]．土木建筑与环境工程，2017，39（6）：68-77.

[8] 张新培．建筑结构可靠度分析与设计 [M]．北京：科学出版社，2001：86-88.

[9] 吕大刚，于晓辉，王光远．基于 FORM 有限元可靠度方法的结构整体概率抗震能力分析 [J]．工程力学，2012，29（2）：1-8.

6 双向随机偏心距下钢筋混凝土柱可靠度分析

6.1 双偏压钢筋混凝土柱抗力计算模式的不确定性

6.1.1 双偏压钢筋混凝土柱配筋设计方法

1. 双偏压构件承载力规范计算方法

按 GB 50010—2010《混凝土结构设计规范》[1]，对于具有两个互相垂直对称轴的钢筋混凝土双向偏心受压构件截面，可按下列公式进行承载力复核：

$$N \leqslant N_u = \frac{1}{\dfrac{1}{N_{ux}} + \dfrac{1}{N_{uy}} - \dfrac{1}{N_{u0}}} \tag{6.1}$$

式中：N 为作用在截面上具有双向偏心距的轴力；N_{u0} 为构件的轴心受压承载力设计值；N_{ux} 为轴向压力作用于 x 轴并考虑相应偏心距 e_x 后，按全部纵向钢筋计算的偏心受压承载力设计值；N_{uy} 为轴向压力作用于 y 轴并考虑相应偏心距 e_y 后，按全部纵向钢筋计算的偏心受压承载力设计值。一般采用对称配筋截面，钢筋沿周边均匀布置，如图 6.1 所示。

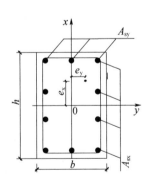

图 6.1 双向偏心荷载下的矩形截面

其中 N_{u0} 计算式为：

$$N_{u0} = f_y A_{st} + f_c A_c \tag{6.2}$$

式中：f_y 为钢筋强度设计值；A_{st} 为全部纵向钢筋面积；f_c 为混凝土轴心抗压强

度设计值；A_c 为混凝土截面面积。

当纵向普通钢筋沿截面周边腹部均匀配置时，若不考虑腹部钢筋贡献，N_{ux}、N_{uy} 可分别按下式进行计算：

$$N_{ux}e = \alpha_1 f_c b x_{c1} \left(h_0 - \frac{x_{c1}}{2} \right) + f'_y A'_{sy} \ (h_0 - a'_s) \tag{6.3}$$

$$N_{uy}e = \alpha_1 f_c h x_{c2} \left(b_0 - \frac{x_{c2}}{2} \right) + f'_y A'_{sx} \ (b_0 - a'_s) \tag{6.4}$$

式中：α_1 为受压区混凝土矩形应力图的应力值与混凝土轴心抗压强度设计值的比值；b 为矩形截面宽度；h 为矩形截面高度；x_{c1} 为沿截面 x 轴方向的混凝土受压区高度，x_{c2} 为沿截面 y 轴方向的混凝土受压区高度；h_0、b_0 分别为沿截面 x 向和 y 向的有效高度；f'_y 为受压钢筋强度设计值；A'_{sx}、A'_{sy} 分别为沿 x、y 方向受压钢筋截面面积；a'_s 为受压区纵向钢筋合力点至截面受压边缘的距离；e 为轴向压力作用点至纵向受拉钢筋合力点的距离，可分别采用 e_x、e_y 计算得到。

2. 双偏压构件配筋设计方法

对于双偏压构件，在竖向荷载和水平作用组合作用下，其截面轴力和两个主轴方向的弯矩分别为：

$$N = N_g + N_q \tag{6.5}$$
$$M_x = M_{xg} + M_{xq} \tag{6.6}$$
$$M_y = M_{yg} + M_{yq} \tag{6.7}$$

式中：g 为竖向荷载，q 为水平作用。

实际工程中，RC 框架柱多采用对称配筋。目前，对于双偏压对称配筋构件，大多按单偏压对称配筋构件的方法进行配筋计算，并按式（6.1）进行复核，完成配筋设计。

对于单偏压对称配筋计算，由 GB 50010—2010《混凝土结构设计规范》可知，大偏心受压时，可按下式进行配筋计算：

$$A'_s = A_s = \frac{Ne - \alpha_1 f_c B x_c \ (H_0 - x_c/2)}{f'_y \ (H_0 - a'_s)} \tag{6.8}$$

当计算 A_{sx}、A_{sy} 时，只需将式（6.8）中 A_s 分别以 A_{sx}、A_{sy} 代替，N 以 N_{uy}、N_{ux} 代替，B 分别以 h、b 代替，H_0 分别以 b_0、h_0 代替，x_c 分别以 x_{c2}、x_{c1} 代替，e 分别采用 e_y、e_x 进行计算得到。

6.1.2　偏压柱极限状态方程对比

考虑单偏压抗力计算模式的不确定性变量 Ω_1，从而得到单偏压柱抗力（按承受弯矩考虑）为：

$$R_M = \Bigg[\left(N - f'_y A'_s + \sigma_s A_s \right) \left(\frac{h}{2} - \frac{N - f'_y A'_s + \sigma_s A_s}{2\alpha_1 f_c b} \right) +$$

$$f'_y A'_s \left(\frac{h}{2} - a'_s \right) + \sigma_s A_s \left(\frac{h}{2} - a_s \right) \Bigg] \Omega_1 \tag{6.9}$$

将 $N = N_g + N_q$，代入式（6.9），并联合 $M = M_g + M_q$，可得到极限状态方程为：

$$\Omega_1 \Bigg[\left(N_g + N_q - f'_y A'_s + \sigma_s A_s \right) \left(\frac{h}{2} - \frac{N_g + N_q - f'_y A'_s + \sigma_s A_s}{2\alpha_1 f_c b} \right) +$$

$$f'_y A'_s \left(\frac{h}{2} - a'_s \right) + \sigma_s A_s \left(\frac{h}{2} - a_s \right) \Bigg] - \left(M_g + M_q \right) = 0 \tag{6.10}$$

考虑到双偏压柱承载力影响因素较多，提出精确的计算公式较为困难，因此，其抗力计算模式具有较多的不确定性。假设其不确定性变量为 Ω，定义式为：

$$\Omega = N_t / N_p \tag{6.11}$$

式中：N_t 为试验结果，N_p 为按式（6.1）计算的结果。因此，考虑抗力计算模式不确定性变量，并联合荷载效应 $N = N_g + N_q$，可得极限状态方程为：

$$\frac{\Omega}{\dfrac{1}{N_{ux}} + \dfrac{1}{N_{uy}} - \dfrac{1}{N_{u0}}} - N_g - N_q = 0 \tag{6.12}$$

6.1.3　抗力计算模式不确定性分析

对于单偏压构件，由于规范给出的抗力计算公式是在对大量单偏压试件试验结果分析的基础上得到，较为精确（抗力计算模式不确定性变量 Ω_1 的均值接近 1.00，变异系数较小）。笔者前期在文献[2]中不考虑抗力模式的不确定性，即取均值为 1.0，变异系数为 0，取得较好效果。因此，对于单偏压情形，文中暂不考虑抗力计算模式的不确定性对其承载力抗震可靠度的影响。

对于双偏压构件，由于目前大部分抗力计算模式采用的是近似计算公式，与实际会有一定的差异性和不确定性；再者，为了方便计算，一般抗力计算模式会采用一些基本假定，然而基本假定会与实际有一定的出入，因此也可能会造成计算值会与实际值不同。基于以上所述，在进行双偏压构件抗力时，抗力计算模式的不确定性应该考虑进去，否则可能会对承载力计算结果有一定的影响。以中国规范中的双偏压计算公式——倪克勤公式为例，通过搜集国内外文献中的双偏压柱试验数据，对抗力计算模式进行了不确定性分析。

通过收集文献[3-8]中的 70 根 RC 双偏压柱的试验数据，对中国规范倪克勤公式的抗力计算模式不确定性进行分析，具体试验统计数据见表 6.1，其离散分布如图 6.2 所示，统计结果如图 6.3 所示。

表 6.1 RC 双偏压柱承载力试验结果及计算结果

数据来源	编号	N_t/N_p	数据来源	编号	N_t/N_p	数据来源	编号	N_t/N_p
文献[4] SC-4~SC-9	SC-4	0.83	文献[6] B-1~E-4	D-4	1.06	文献[8] C-1~C-23	C-2	1.01
	SC-9	0.88		D-5	0.95		C-3	1.13
文献[5] S-1~H-3	S-1	0.99		D-6	0.96		C-4	1.09
	S-2	1.00		E-1	0.98		C-5	1.08
	U-1	0.90		E-2	0.86		C-11	1.00
	U-2	0.89		E-3	0.82		C-12	0.83
	U-3	0.87		E-4	0.78		C-13	0.93
	U-4	0.92	文献[7] BR-1~FR-2	BR-1	0.82		C-14	0.73
	U-5	1.07		BR-2	0.86		C-21	1.06
	U-6	0.75		BR-3	0.82		C-22	0.97
	H-1	0.99		BR-4	0.76		C-23	1.04
	H-2	0.88		BR-5	0.73	文献[3] CBI-2~CBI-12	CBI-2	1.20
	H-3	0.97		BR-6	0.69		CBI-3	0.97
文献[6] B-1~E-4	B-1	1.11		CR-1	0.92		CBI-4	1.05
	B-2	1.13		CR-2	0.88		CBI-5	0.78
	B-3	1.09		CR-3	0.83		CBI-6	0.84
	B-4	1.10		CR-4	0.82		CBI-7	1.00
	B-5	1.02		CR-5	0.75		CBI-8	0.89
	B-6	1.09		CR-6	0.76		CBI-9	0.86
	B-7	1.17		ER-1	1.07		CBI-10	0.97
	B-8	1.04		ER-2	0.83		CBI-11	0.90
	D-1	1.03		FR-1	1.00		CBI-12	0.94
	D-2	1.01		FR-2	0.85			
	D-3	1.02		C-1	1.03			

从图 6.2、图 6.3 可以看出，Ω 并不是稳定分布在 1.0 附近，而是在一个较大的区间内波动，具有较大的离散性；概率直方图近似服从正态分布，通过计算，可以得知该不确定性变量 Ω 的均值 μ 为 0.945，变异系数 δ 为 0.12。

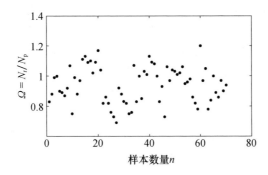

图 6.2　计算模式不确定性离散分布图

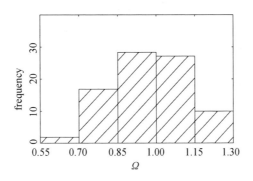

图 6.3　不确定性变量 Ω 分布区间

因此，本文选取的双偏压承载力计算方法为倪克勤公式，后文双偏压抗力计算模式不确定性变量的统计参数如表 6.2 所示。

表 6.2　不确定性变量 Ω 的统计参数

名称	分布类型	κ	δ
不确定性变量 Ω	正态分布	0.945	0.12

注：κ 表示平均值，δ 表示变异系数。

6.2　双偏压钢筋混凝土框架柱抗震承载力可靠度

6.2.1　单、双偏压荷载因子相关曲线对比

由于单偏压极限状态方程式（6.10）和双偏压极限状态方程式（6.12）形式差异较大，因此，为便于比对，定义了极限荷载因子 λ_g 和 λ_q，其表达式分别为：

$$\lambda_g = N_{gu}/N_{gk} \tag{6.13}$$

$$\lambda_q = N_{qu}/N_{qk} \tag{6.14}$$

式中：N_{gu}、N_{qu}分别为柱达到极限状态时由重力荷载、地震作用产生的轴压力值；N_{gk}、N_{qk}分别为重力荷载、地震作用产生的轴压力标准值。

结构设计中，为综合考虑各种情况，计算构件承载力均采用统一的材料强度设计值。对于不同的构件设计实例，材料强度设计值与验算点处取值会有一定差异。例如，对于 6.2.2 节三级框架模型 1 中的角柱 JZ1，当采用材料设计值（$f_c=14.3\text{MPa}$，$f_y=300\text{MPa}$）时，相应的极限荷载因子 λ_g-λ_q 相关曲线如图 6.4（a）所示。实际上，材料强度验算点处取值更能反映该柱极限状态方程的特性，为此，对其进行了计算，当采用材料强度验算点处取值（$f_c=11.6\text{MPa}$，$f_y=335.9\text{MPa}$）时，相应的极限荷载因子相关曲线如图 6.4（b）所示。

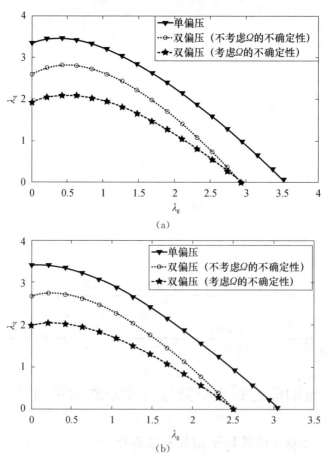

图 6.4 柱按单偏压和双偏压考虑的极限荷载因子曲线对比
（a）$f_c=14.3\text{MPa}$、$f_y=300\text{MPa}$；（b）$f_c=11.6\text{ MPa}$、$f_y=335.9\text{MPa}$

由图 6.4 可见，对于双偏压柱，无论材料强度取设计值还是验算点处取值，考虑不确定性变量 Ω 后，其极限荷载因子的相关曲线均有明显下移，即柱所能承受的极限荷载大幅减小。因此，在进行双偏压构件承载力可靠度计算时，应考虑

不确定性变量 Ω 的影响。此外,双偏压柱考虑抗力计算模式不确定性变量 Ω 后,其对应的极限荷载因子相关曲线会位于单偏压情形的下方。

6.2.2 框架结构分析模型

选取两个框架结构模型,即等跨框架模型 1 和不等跨框架模型 2。模型 1 总计 6 层,第 1 层层高为 4.2m,其余层层高为 3.6m。RC 框架结构平面布置如图 6.5(a)所示。模型 2 总计 5 层,层高均为 3.6m。RC 框架结构平面布置如图 6.5(b)所示。对模型的荷载施加,均按 GB 50009—2012《建筑结构荷载规范》[9]确定,由于楼层最大水平位移与层平均位移比值小于 1.2,因此,考虑地震作用输入方向为单向水平地震作用(X 向或 Y 向),其余参数根据 GB 50011—2010《建筑抗震设计规范》确定。

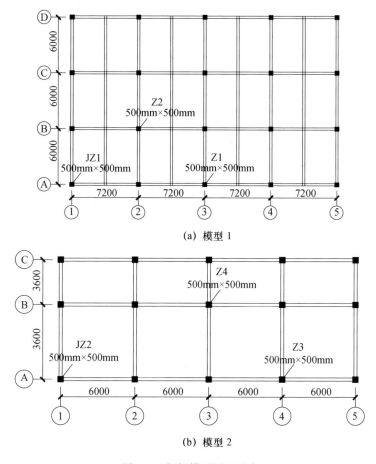

(a) 模型 1

(b) 模型 2

图 6.5 框架模型平面示意

6.2.3 不同抗震等级下框架模型柱配筋

在 PKPM 结构设计软件中，每个框架模型分别按设防烈度 7 度（0.15g）以及 8 度（0.20g）考虑。当按 7 度（0.15g）考虑时，抗震等级均为三级；当按 8 度（0.20g）设计时，抗震等级为二级。如前所述，在实际工程中，对于框架柱的配筋计算，一般按单偏压计算配筋，再采用双偏压承载力验算式校核，验算所考虑的柱截面为一层柱顶截面。框架内力组合以及相应的配筋见表 6.3。

6.2.4 可靠度分析结果

由式（6.10）、式（6.12）可知，单、双偏压构件极限状态方程均具有非线性，因此，为保证计算精度，可靠度计算均采用 Monte carlo 方法且抽样次数较多。

抽样计算时，单、双偏压的内力及配筋见表 6.3。单偏压可靠度分析中考虑的随机变量统计参数有 f_c、f_y、N_g、N_q，其统计参数具体取值见表 6.4，计算流程如图 6.6 所示。

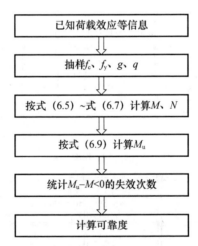

图 6.6　单偏压可靠度分析流程

表 6.3　按二、三级框架 1 层柱顶部截面内力及配筋

柱编号	单工况	三级框架				二级框架			
		N (kN)	M_x (kN·m)	M_y (kN·m)	配筋面积	N (kN)	M_x (kN·m)	M_y (kN·m)	配筋面积 (mm²)
Z1	X 方向地震	0.0	0.0	151.6	$A_{sx}=1140\text{mm}^2$	0.0	0.0	202.1	$A_{sx}=1936\text{mm}^2$
	Y 方向地震	278.7	−139.8	0.0	$A_{sy}=1272\text{mm}^2$	371.6	−186.4	0.0	$A_{sy}=2106\text{mm}^2$
	恒载＋0.5 活载	1510.9	−35.8	0.2	$A_{cor}=804\text{mm}^2$	1510.9	−35.8	0.2	$A_{cor}=804\text{mm}^2$

续表

柱编号	单工况	三级框架				二级框架			
		N (kN)	M_x (kN·m)	M_y (kN·m)	配筋面积	N (kN)	M_x (kN·m)	M_y (kN·m)	配筋面积 (mm²)
Z2	X方向地震	21.4	−0.03	−173.1	$A_{sx}=1920\text{mm}^2$	28.6	−0.03	−230.8	$A_{sx}=2918\ \text{mm}^2$
	Y方向地震	26.1	194.4	−0.1	$A_{sy}=1716\text{mm}^2$	34.8	259.2	−0.1	$A_{sy}=2641\ \text{mm}^2$
	恒载+0.5活载	2357.1	2.4	−9.3	$A_{cor}=804\text{mm}^2$	2357.1	2.4	−9.3	$A_{cor}=804\ \text{mm}^2$
JZ1	X方向地震	182.0	−0.1	104.4	$A_{sx}=1728\text{mm}^2$	242.7	−0.2	139.2	$A_{sx}=2523\ \text{mm}^2$
	Y方向地震	246.9	−127.0	1.0	$A_{sy}=1395\text{mm}^2$	329.2	−169.3	1.3	$A_{sy}=2105\ \text{mm}^2$
	恒载+0.5活载	950.9	−34.4	62.6	$A_{cor}=804\text{mm}^2$	950.9	−34.4	62.6	$A_{cor}=804\ \text{mm}^2$
Z3	X方向地震	32.5	−11.2	84.3	$A_{sx}=701\text{mm}^2$	43.0	−15.0	112.5	$A_{sx}=1040\ \text{mm}^2$
	Y方向地震	164.5	−63.4	−0.1	$A_{sy}=701\text{mm}^2$	219.4	−84.5	−0.1	$A_{sy}=967\ \text{mm}^2$
	恒载+0.5活载	1128.7	−34.6	0.7	$A_{cor}=804\text{mm}^2$	1128.7	−34.6	0.7	$A_{cor}=804\ \text{mm}^2$
Z4	X方向地震	0.0	0.0	87.7	$A_{sx}=701\text{mm}^2$	0.0	0.0	117.0	$A_{sx}=954\ \text{mm}^2$
	Y方向地震	−28.8	84.6	0.0	$A_{sy}=701\text{mm}^2$	−38.4	112.9	0.0	$A_{sy}=749\ \text{mm}^2$
	恒载+0.5活载	1440.0	26.6	0.0	$A_{cor}=804\text{mm}^2$	1440.0	26.6	0.0	$A_{cor}=804\ \text{mm}^2$
JZ2	X方向地震	117.1	20.3	54.5	$A_{sx}=746\text{mm}^2$	156.1	27.1	72.6	$A_{sx}=1526\ \text{mm}^2$
	Y方向地震	147.2	−56.5	0.1	$A_{sy}=656\text{mm}^2$	196.3	−75.4	0.1	$A_{sy}=1078\ \text{mm}^2$
	恒载+0.5活载	696.1	−23.6	21.2	$A_{cor}=804\text{mm}^2$	696.1	−23.6	21.2	$A_{cor}=804\ \text{mm}^2$

注：A_{sx} 和 A_{sy} 分别为沿柱截面 X 和 Y 方向配置的单边钢筋面积，A_{cor} 为角部钢筋面积（总计 4 根），A_{sx} 和 A_{sy} 包含角部钢筋。

双偏压柱可靠度虽然在计算流程上与单偏压柱可靠度计算基本一致，但两者也存在以下差别：

（1）对于单偏压情形，一般仅考虑某一主轴截面方向的弯矩（M_x 或者 M_y，取两者中可靠度计算结果较小者）而忽略另一个方向上的弯矩；而对于双偏压情形，需同时考虑截面主轴两个方向（M_x 和 M_y）上的弯矩。

（2）单偏压抗力计算模式不确定性可忽略不计，而双偏压抗力计算模式则具有较大的不确定性，因此，双偏压可靠度分析时在 f_c、f_y、N_g、N_q 的基础上，需考虑 Ω 的影响，其统计参数具体取值见表 6.4。

（3）以弯矩为抗力建立单偏压柱失效方程，以轴压力为抗力建立双偏压柱失效方程。因此，统计失效次数时两者所采用的准则略有不同。双偏压可靠度计算流程如图 6.7 所示。

需要说明的是，无论单偏压还是双偏压可靠度计算，均应分别按重力荷载和 X 地震作用组合（$G+E_X$）、重力荷载和 Y 地震作用组合（$G+E_Y$）考虑，结果取较不利工况情形。

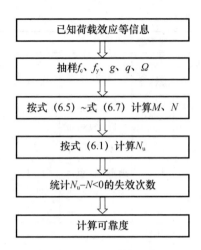

图 6.7　双偏压可靠度分析流程

表 6.4　随机变量统计参数

随机变量	分布类型	κ	δ	数据来源
f_y / f_{yk}	正态分布	1.14	0.07	文献［10-11］
f_c / f_{ck}	正态分布	1.41	0.19	文献［10-11］
g / g_k	正态分布	1.08	0.10	文献［12］
q / q_k	极值 I 型分布	1.06	0.30	文献［11，13］
Ω（双偏压）	正态分布	0.945	0.12	本文
Ω（单偏压）	确定性	1.0	0	文献［2］

注：κ 为平均值/标准值；δ 为标准差/平均值，为变异系数。

　　选取结构模型中的典型柱，按照单偏压和双偏压计算的可靠度结果见表 6.5。

　　由表 6.5 可见，对于规则框架结构，双偏压下使柱具有较低可靠度的地震作用方向（沿结构主轴）与单偏压情形不相同，如 JZ1 柱在单偏压下使其具有较低可靠度的地震作用方向为 X 向，而在双偏压下则为 Y 向。按双偏压计算的可靠指标较按单偏压计算的可靠指标均偏低，如 JZ1 柱按单偏压计算的可靠度在二、三级框架下分别为 4.32 和 4.22，而按双偏压计算的可靠度分别为 3.35 和 3.49，降幅分别为 22.4% 和 17.3%。

表 6.5　按二、三级框架计算各代表柱可靠指标

柱号	二级框架				三级框架			
	单偏压情形		双偏压情形		单偏压情形		双偏压情形	
	工况	可靠指标	工况	可靠指标	工况	可靠指标	工况	可靠指标
Z1	$G+E_Y$	3.56	$G+E_Y$	2.83	$G+E_Y$	3.42	$G+E_Y$	2.81
Z2	$G+E_X$	3.03	$G+E_Y$	2.50	$G+E_X$	2.91	$G+E_Y$	2.54

柱号	二级框架				三级框架			
	单偏压情形		双偏压情形		单偏压情形		双偏压情形	
	工况	可靠指标	工况	可靠指标	工况	可靠指标	工况	可靠指标
JZ1	$G+E_X$	4.32	$G+E_Y$	3.35	$G+E_X$	4.22	$G+E_Y$	3.49
Z3	$G+E_Y$	4.00	$G+E_X$	3.64	$G+E_Y$	3.96	$G+E_X$	3.83
Z4	$G+E_X$	3.79	$G+E_Y$	3.51	$G+E_X$	3.80	$G+E_Y$	3.67
JZ2	$G+E_X$	4.56	$G+E_Y$	4.26	$G+E_X$	4.53	$G+E_Y$	4.27

注：G 表示为重力荷载，E_X 和 E_Y 分别表示 X 向和 Y 向地震作用。

6.3　双偏压钢筋混凝土框架柱抗风承载力可靠度

6.3.1　框架结构分析模型

1. 框架结构模型

假设框架结构模型 1 的设计背景地点位于我国某受风灾影响较为严重的城市，查阅 GB 50009—2012《建筑结构荷载规范》[9]附录 E，此处使用两种不同的风压以反映风灾的严重程度，情况 1 下的风压为 $W_1=0.75kN/m^2$，情况 2 下的风压为 $W_2=0.9kN/m^2$，地面粗糙度设置均为 B 类，且分别从 0°、30°、60°、90°四个方向对建筑模型 1 施加风荷载，如图 6.8 所示。

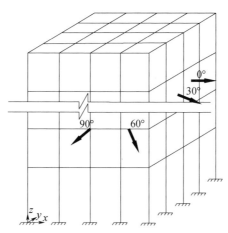

图 6.8　框架结构模型 1 风向示意图

该模型为 8 层规则四跨 RC 框架模型，建筑物的 X 向和 Y 向均为 4 跨，且为等跨，跨度为 7.8m；首层层高为 4.5m，其余层层高为 3.6m，建筑物总高度 29.7m；梁、板、柱具体设计信息见表 6.6，其平面布置图和立面布置图如图 6.9 所示。

表 6.6　框架结构模型 1 构件设计信息表

类别	尺寸	纵向钢筋等级	箍筋等级	混凝土等级
主梁	300mm×600mm	HRB400	HPB300	C40
次梁	250mm×500mm	HRB400	HPB300	C40
楼板	100mm	HRB335	HPB300	C40
中柱	600mm×600mm	HRB400	HPB300	C40
边柱	500mm×500mm	HRB400	HPB300	C40
角柱	400mm×400mm	HRB400	HPB300	C40

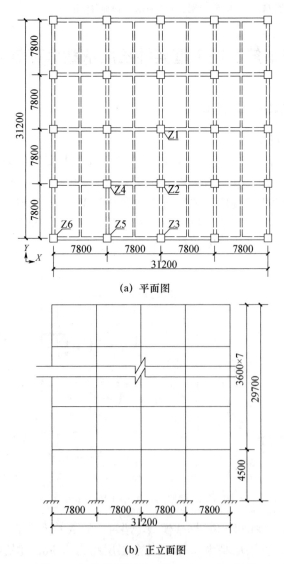

(a) 平面图

(b) 正立面图

图 6.9　框架结构模型 1 平面及立面示意图

该框架结构模型设计采用的恒荷载为 3.0kN/m²（不包含混凝土自重），活荷载为 2.0kN/m²，屋面为非上人屋面，恒荷载为 3.5kN/m²（不包含混凝土自重），活荷载为 0.5kN/m²，各个楼层的四周框架梁上布置 8.2kN/m 的均布荷载用来考虑外（幕）墙的作用，各个楼层框架主梁布置 7.0kN/m 的均布荷载用来考虑填充（隔）墙的作用，屋面则考虑女儿墙作用沿四周布置 2.0kN/m 的均布荷载。其余设计参数均按照软件系统默认值进行设计。

框架结构模型 2 的设计背景与框架结构模型 1 相同，同时也使用两种不同的风压，情况 1 下的风压为 $W_1=0.75kN/m^2$，情况 2 下的风压为 $W_2=0.9kN/m^2$，地面粗糙度设置为 B 类，同样分别从 0°、30°、60°、90°四个方向对建筑模型 2 施加风荷载，如图 6.10 所示。

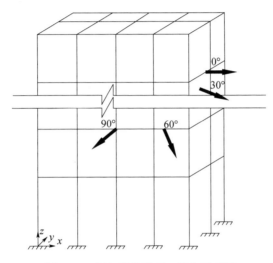

图 6.10　框架结构模型 2 风向示意图

该模型为 6 层规则两跨 RC 框架模型，建筑物的 X 向为 4 等跨，跨度为 6.0m，Y 向为 2 跨，且为不等跨，跨度依次为 6.0m 和 3.0m；首层层高为 4.2m，其余层层高为 3.3m，建筑物总高度 20.7m；梁、板、柱的具体设计信息见表 6.7，其平面布置图和立面布置图如图 6.11 所示。

表 6.7　框架结构模型 2 构件设计信息表

类别	尺寸	纵向钢筋等级	箍筋等级	混凝土等级
主梁	250mm×500mm	HRB400	HPB300	C40
楼板	100mm	HRB335	HPB300	C40
中柱	400mm×400mm	HRB400	HPB300	C40
边柱	400mm×400mm	HRB400	HPB300	C40
角柱	400mm×400mm	HRB400	HPB300	C40

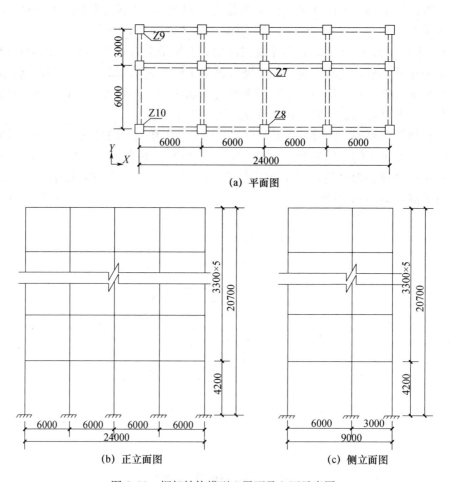

图 6.11　框架结构模型 2 平面及立面示意图

2. 框架结构模型代表柱内力及配筋信息

框架结构模型 1 选取首层 Z1～Z6 为其代表柱，其具体位置分布如图 6.9（a）所示；框架结构模型 2 则选取首层 Z7～Z10 作为其代表柱，其具体位置分布如图 6.11（a）所示；代表柱 Z1～Z10 的内力信息和配筋信息见表 6.8 和表 6.9。

表 6.8　框架结构代表柱内力信息表

柱号	内力种类	恒荷载	活荷载	风压：0.75kN/m²				风压：0.90kN/m²			
				0°	30°	60°	90°	0°	30°	60°	90°
Z1	N/kN	4453	883	0	−0.1	−0.1	0	0	−0.1	−0.1	0
	M_x（kN·m）	0	0	0	−177	−322	−259	0	−213	−390	−313
	M_y（kN·m）	0	0	−272	−306	−186	0	−329	−370	−225	0

柱号	内力种类	恒荷载	活荷载	风压：0.75kN/m²				风压：0.90kN/m²			
				0°	30°	60°	90°	0°	30°	60°	90°
Z2	N/kN	4505	892	0	−2.9	−5.6	−4.2	0	−3.4	−6.7	−5.0
	M_x (kN·m)	−4.9	−1.2	0	−177	−322	−259	0	−214	−389	−313
	M_y (kN·m)	0	0	−273	−307	−186	0	−330	−371	−225	0
Z3	N/kN	2629	431	0	−94.0	−181	−138	0	−114	−219	−166
	M_x (kN·m)	50.2	13.1	0	−86.9	−158	−127	0	−105	−191	−154
	M_y (kN·m)	0	0	−161	−180	−110	0	−194	−218	−133	0
Z4	N/kN	4571	903	−5.6	−9.0	−10.0	−4.6	−6.8	−10.9	−12.0	−5.5
	M_x (kN·m)	−5.1	−1.2	0.1	−177	−322	−259	0.1	−214	−389	−313
	M_y (kN·m)	−7.4	−1.9	−272	−306	−186	0.1	−329	−370	−225	0.1
Z5	N/kN	2700	443	−9.2	−104	−188	−138	−11.1	−126	−228	−167
	M_x (kN·m)	50.6	13.1	0.1	−87.1	−159	−128	0.1	−105	−192	−154
	M_y (kN·m)	−6.2	−1.3	−159	−179	−109	0.1	−193	−216	−131	0.1
Z6	N/kN	1445	199	−113	−190	−211	−101	−137	−229	−255	−122
	M_x (kN·m)	25.0	5.0	−0.6	−46.1	−83.3	−66.4	−0.8	−55.7	−101	−80.2
	M_y (kN·m)	30.5	6.5	−70.1	−79.2	−48.9	−0.8	−84.8	−95.7	−59.0	−0.9
Z7	N/kN	1503	277	0	−64.4	−141	−156	0	−77.8	−170	−189
	M_x (kN·m)	−18.0	−4.9	0	−64.9	−138	−157	0	−78.4	−166	−190
	M_y (kN·m)	0	0	−53.0	−105	−74.5	0	−64.1	−127	−90.0	0
Z8	N/kN	1198	191	0	−46.5	−102	−113	0	−56.2	−124	−136
	M_x (kN·m)	26.1	7.1	0	−45.7	−96.7	−111	0	−55.3	−117	−134
	M_y (kN·m)	0	0	−52.4	−104	−73.6	0	−63.3	−126	−88.9	0
Z9	N/kN	503	47.4	−45.0	21.0	173	261	−54.4	25.4	209	315
	M_x (kN·m)	−4.5	−1.0	3.6	−43.9	−103	−124	4.4	−53.0	−125	−150
	M_y (kN·m)	12.5	1.9	−40.0	−78.1	−54.1	1.6	−47.8	−94.3	−65.4	2.0
Z10	N/kN	729	94.3	−38.4	−118	−151	−107	−46.4	−143	−183	−130
	M_x (kN·m)	16.9	3.5	2.4	−39.0	−89.5	−106	2.9	−47.2	−108	−129
	M_y (kN·m)	16.9	3.5	−42.2	−84.2	−60.1	−1.1	−50.9	−102	−72.6	−1.3

表 6.9　框架模型结构代表柱配筋信息表

柱号	风压：0.75kN/m²				风压：0.90kN/m²			
	A_{sx}	A_{sy}	A_s	控制组合	A_{sx}	A_{sy}	A_s	控制组合
Z1	2776	2776	8882	$1.2D+0.98L-1.4W60°$	3390	3390	10846	$1.2D+0.98L-1.4W60°$
Z2	2863	2863	9159	$1.2D+0.98L+1.4W60°$	3490	3490	11165	$1.2D+0.98L+1.4W60°$
Z3	1985	1985	6350	$1.2D+0.98L+1.4W60°$	2520	2520	8063	$1.2D+0.98L+1.4W60°$
Z4	2969	2969	9511	$1.2D+0.98L+1.4W60°$	3617	3617	11574	$1.2D+0.98L+1.4W60°$
Z5	2022	2022	6470	$1.2D+0.98L+1.4W60°$	2551	2551	8161	$1.2D+0.98L+1.4W60°$
Z6	1667	1667	5333	$1.2D+0.98L+1.4W60°$	2060	2060	6591	$1.2D+0.98L+1.4W60°$
Z7	2548	1911	6370	$1.2D+0.98L+1.4W60°$	3184	2388	7957	$1.2D+0.98L+1.4W60°$
Z8	1872	1404	4682	$1.2D+0.98L-1.4W60°$	2464	1848	6164	$1.2D+0.98L-1.4W60°$
Z9	1212	909	3034	$1.0D-1.4W90°$	1664	1248	4164	$1.0D-1.4W90°$
Z10	1272	954	3138	$1.2D+0.98L-1.4W60°$	1768	1326	4417	$1.2D+0.98L-1.4W60°$

注：钢筋面积的单位为 mm²，D、L、W 分别代表恒荷载、活荷载和风荷载。

6.3.2　抗风承载力设计可靠度分析

参与可靠度计算的随机变量的具体统计参数见表 6.10。

表 6.10　随机变量统计参数

变量名称	分布类型	κ	δ	文献
恒荷载	正态分布	1.14	0.07	文献 [14]
风荷载	极值Ⅰ型分布	1.06	0.30	文献 [14]
活荷载	极值Ⅰ型分布	1.06	0.30	文献 [14]
f_c	正态分布	1.41	0.19	文献 [15]
f_y	正态分布	1.14	0.07	文献 [15]
Ω	正态分布	0.945	0.12	本文

注：κ 表示平均值，δ 表示变异系数。

考虑 4 种工况（风向），框架结构模型 1 中的典型代表柱 Z1～Z6，框架结构模型 2 中的典型代表柱 Z7～Z10，根据本章中的双偏压可靠度计算思路及流程图，采用蒙特卡洛随机抽样方法且考虑双向偏心距的随机特性进行可靠度计算，可靠度的计算结果见表 6.11。

表 6.11　框架模型代表柱考虑双向随机偏心距可靠度计算结果

柱号	风压：0.75kN/m²				风压：0.90kN/m²			
	0°	30°	60°	90°	0°	30°	60°	90°
Z1	3.04	2.63	2.55	3.06	3.03	2.52	2.43	3.06
Z2	2.97	2.64	2.54	3.04	3.02	2.53	2.44	3.09
Z3	3.20	2.68	2.53	3.07	3.22	2.51	2.38	3.10
Z4	2.90	2.64	2.56	3.03	3.01	2.52	2.42	3.07
Z5	3.20	3.21	2.55	2.86	3.19	3.11	2.39	3.06
Z6	3.26	2.59	2.48	3.31	3.31	2.46	2.31	3.41
Z7	4.26	3.37	3.24	3.94	4.26	3.35	3.17	4.01
Z8	4.20	3.23	2.96	3.44	4.53	3.18	2.83	3.50
Z9	4.77	4.38	3.38	3.21	4.75	4.26	3.17	3.05
Z10	4.26	3.34	3.01	3.51	4.53	3.26	2.84	3.65

对于这些代表柱，采用蒙特卡洛方法按照双向固定偏心距的可靠度计算结果见表 6.12。值得说明的是，表 6.12 中的可靠度仅仅考虑了按照双向固定偏心距计算出来的最不利风向下的情况。

表 6.12　框架模型代表柱考虑双向固定偏心距可靠度计算结果

柱号	风压：0.75kN/m²		风压：0.90kN/m²	
	最不利风向	双偏压可靠指标	最不利风向	双偏压可靠指标
Z1	60°	2.82	60°	2.77
Z2	60°	2.81	60°	2.78
Z3	60°	2.70	60°	2.62
Z4	60°	2.77	60°	2.75
Z5	60°	2.67	60°	2.58
Z6	60°	2.59	60°	2.44
Z7	60°	3.86	60°	4.06
Z8	60°	3.30	60°	3.28
Z9	90°	3.28	90°	3.07
Z10	60°	3.25	60°	3.16

对于这些代表柱，按照本章当中的单偏压可靠度计算思路及流程图，采用蒙特卡洛随机抽样方法且考虑单向偏心距的随机特性进行可靠度计算，结果见表 6.13。可靠度计算结果按最不利工况（即使得可靠度最低的风向以及弯矩方向）选取。

表 6.13　框架模型代表柱考虑单向随机偏心距可靠度计算结果

柱号	风压：0.75kN/m²			风压：0.90kN/m²		
	最不利风向	最不利弯矩方向	可靠指标	最不利风向	最不利弯矩方向	可靠指标
Z1	60°	X 向	3.69	60°	X 向	3.73
Z2	60°	X 向	3.68	60°	X 向	3.70
Z3	60°	X 向	3.66	60°	X 向	3.65
Z4	60°	X 向	3.70	60°	X 向	3.78
Z5	60°	X 向	3.60	60°	X 向	3.67
Z6	60°	X 向	3.85	60°	X 向	3.87
Z7	90°	X 向	3.44	90°	X 向	3.28
Z8	90°	X 向	4.08	90°	X 向	4.16
Z9	90°	X 向	3.41	90°	X 向	3.39
Z10	90°	X 向	3.59	90°	X 向	3.61

3. 抗风承载力可靠度分析结果讨论

框架结构模型 1 和框架结构模型 2 考虑双向随机偏心距的抗风承载力可靠指标与考虑双向固定偏心距的抗风承载力可靠指标的对比如图 6.12 和图 6.13 所示。需要说明的是，考虑双向随机偏心距的抗风承载力可靠指标仅仅只考虑了最不利工况情形，即使得代表柱产生最低可靠指标的工况（风向）。

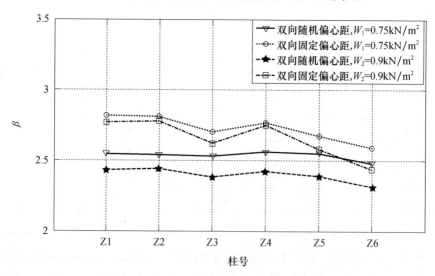

图 6.12　框架结构模型 1 双偏压柱可靠指标对比图

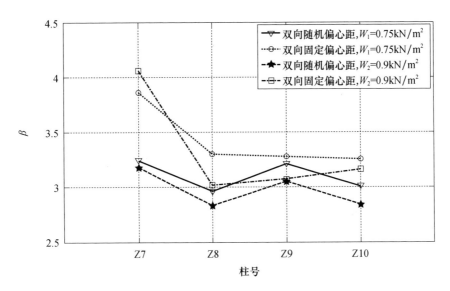

图 6.13　框架结构模型 2 双偏压柱可靠指标对比图

从图 6.12 和图 6.13 中，可以明显地看出考虑双向固定偏心距下的 RC 柱抗风承载力可靠指标在不同程度上均高于考虑双向随机偏心距下的 RC 柱抗风承载力可靠指标。这说明基于现行规范规定的固定偏心距准则由于忽视了构件的实际受力状况因此可能会高估双偏压 RC 柱的承载可靠度，从而使得结构设计偏于不安全。实际上，近年来，很多学者已经在 RC 柱单偏压可靠度计算过程中发现了这一现象，指出在横向荷载（例如：风、地震等）占主导地位的大偏压构件当中，由于各种荷载及材料均具有较大的随机特性，故按固定偏心距准则的设计因忽视这种随机特性从而较大程度的高估了构件承载可靠度。本文的计算一方面再次证实了这一结论，另一方面也说明了在双偏压构件承载可靠度计算当中，也存在类似的问题。

框架结构模型 1 和框架结构模型 2 考虑双向随机偏心距的抗风承载力可靠指标与考虑单向随机偏心距的抗风承载力可靠指标对比，如图 6.14 和图 6.15 所示。其中，双偏压可靠指标和单偏压可靠指标均采用最不利工况下的可靠指标。

从图 6.14 和图 6.15 中可以得知，单向随机偏心距下的柱抗风承载力可靠指标在不同程度上均高于双向随机偏心距下的柱抗风承载力可靠指标。例如 Z6 在 $W_1 = 0.75 \text{kN/m}^2$ 和 $W_2 = 0.9 \text{kN/m}^2$ 下单偏压柱可靠指标分别为 3.85 和 3.87，而双偏压可靠指标仅分别为 2.48 和 2.31，可见，单偏压可靠指标的高估幅度甚至大于 55%。

近些年来，一些研究者通过试验和现场调研发现，由于在地震或者风灾中，结构通常承受双向受力状态，而结构双向受力情形较单向受力情形更为不利，这是导致建筑物抗灾害能力弱的重要原因之一。从图中还可以看出，按单偏压计算柱的可靠指标均大于构件延性破坏的目标可靠指标 3.2，这说明框架柱虽在单偏压设计状况下可以满足正常承载力要求，但却在水平荷载占主导地位的灾害中（例如地震、风灾等）因可靠性不足而出现较严重破坏。因此，建议在设计框架结构时，应考虑构件承受双向偏心受压的不利情况，留有设计安全余量。

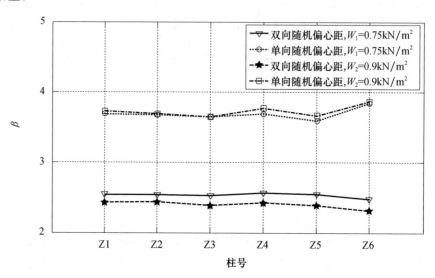

图 6.14　框架结构模型 1 单、双偏压柱可靠指标对比图

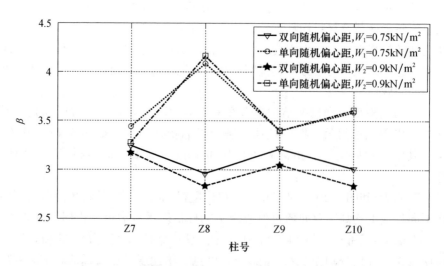

图 6.15　框架结构模型 2 单、双偏压柱可靠指标对比图

此外，从上一小节的可靠度计算结果中还能发现，使得双偏压可靠指标最为不利的风向与使得单偏压可靠指标最为不利的风向并不一定相同，例如，使得

Z7、Z8、Z10 双偏压可靠指标最为不利的风向为 60°，而使得 Z7、Z8、Z10 单偏压可靠指标最为不利的风向为 90°，存在一定的差异；且使得单偏压可靠指标最不利的风向，并不一定是控制组合下的风向，见表 6.14。

表 6.14　各种情形下最不利风向角度对比表

柱号	控制组合中最不利风向	双偏压情形最不利风向	单偏压情形最不利风向
Z7	60°	60°	90°
Z8	60°	60°	90°
Z10	60°	60°	90°

参考文献

[1] 中华人民共和国住房和城乡建设部. 混凝土结构设计规范（2015 年版）：GB 50010—2010 [S]. 北京：中国建筑工业出版社，2010.

[2] 蒋友宝，廖强，冯鹏. RC 偏压构件精细抗力概率模型 [J]. 土木建筑与环境工程，2014，36（4）：15-21.

[3] 卢伟煌. 钢筋混凝土双向偏心受压矩形截面强度计算方法研究 [D]. 浙江大学，1988.

[4] Andersen, Lee Paul, Ni Hwa. A modified plastic theory of reinforced concrete [J]. Bulletin NO. 33, University of Minnesota, Minneapolis, Minn., 1951, 54 (19).

[5] Hsu Cheng Tzu. Behaviour of structural concrete subjected to biaxial flexure and axial compression [D]. McGill University, 1975.

[6] Ramamurthy L N. Investigation of the ultimate strength of square and rectangular columns under biaxially eccentric loads [C]. Symposium on Reinforced Concrete Columns, Detroit, ACI Special Publication, SP-13, 1966：263-298.

[7] Heimdahl Peter D, Bianchini A C. Ultimate strength of biaxially loaded concrete columns reinforced with high strength steel, reinforced concrete columns [C]. American Concrete Institute, SP-50, Detroit, Mich, 1975.

[8] Dundar Cengiz, Tokgoz Serkan, Tanrikulu A. Kamil, et al. Behaviour of reinforce and concrete- encased composite columns subjected to biaxial bending and axial load [J]. Building and Environment, 2008, 43 (6)：1109-1120.

[9] 中华人民共和国住房和城乡建设部. 建筑结构荷载规范（2012 年版）：GB 50009—2012 [S]. 北京：中国建筑工业出版社，2012.

[10] 高小旺，魏琏，韦承基. 现行抗震规范可靠度水平的校准 [J]. 土木工程学报，1987，20（2）：10-20.

[11] 国家建委建筑科学研究院. 钢筋混凝土结构研究报告集 [R]. 北京：中国建筑工业出版社，1977：201-215.

[12] 蒋友宝，杨伟军. 基于偏心距随机特性的 RC 框架柱承载力抗震调整系数 [J]. 中南大学学报（自然科学版），2012，43（7）：2796-2802.

[13] 蒋友宝，廖国宇，谢铭武．钢筋混凝土框架柱和轻钢拱结构失效方程复杂特性与设计可靠度 [J]．建筑结构学报，2014，35（4）：192-198.

[14] 马宏旺．钢筋混凝土框架结构抗震可靠度分析 [D]．大连：大连理工大学，2001：37-49.

[15] 张新培．建筑结构可靠度分析与设计 [M]．北京：科学出版社，2001.